AF343860

MEMOIRE

SUR LES ARGILLES.

MEMOIRE
SUR LES ARGILLES,

OU

RECHERCHES ET EXPERIENCES

CHYMIQUES ET PHYSIQUES

Sur la nature des terres les plus propres à l'Agriculture, & sur les moyens de fertiliser celles qui sont stériles.

Par M. BAUMÉ, Maître Apothicaire de Paris, & Démonstrateur en Chymie.

A PARIS,

Chez LACOMBE, Libraire, rue Christine, près de la rue Dauphine.

M. D. CC. LXX.

MÉMOIRE

SUR LES ARGILES,

ou

RECHERCHES ET EXPÉRIENCES

CHYMIQUES ET PHYSIQUES

Sur la nature des terres les plus propres à l'Agriculture, & sur les moyens de fertiliser celles qui sont stériles.

Par BAUMÉ, Maître Apothicaire de Paris, & Démonstrateur de Chymie.

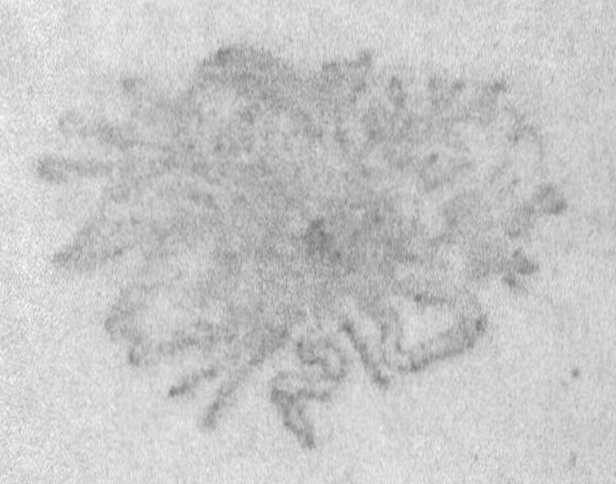

A PARIS,

Chez LACOMBE, Libraire, rue Christine, proche la rue Dauphine.

M.DCC.LXX.

AVERTISSEMENT(*).

L'ouvrage que je présente au Public, a concouru à un des prix que l'Académie de Bordeaux avoit proposés pour l'année 1767, sur les Argilles considérées chymiquement & relativement aux moyens de les fertiliser. N'ayant pas été suffisamment satisfaite des

(*) M. Macquer a été chargé par le Roi de travailler à perfectionner la Porcelaine de France : il m'a prié de l'aider dans ses recherches, ce que j'ai accepté. Nous avons fait ensemble plus de dix-huit cents expériences sur cette matiere, dans l'espace d'environ deux années consécutives de travail. Cet habile Chymiste a donné en 1762 nos observations sur les Argilles, dans un Mémoire inséré dans le volume de l'Académie Royale des Sciences pour l'année 1758. Le Mémoire que je présente à l'Académie de Bordeaux, contient plusieurs expériences & observations dont il est fait mention dans le Mémoire de M. Macquer : elles sont communes entre lui & moi, je m'en sers pour prouver plusieurs choses que j'avance. Il m'étoit difficile de citer ce Mémoire sans me faire connoître, ce qui auroit été contraire aux loix de l'Académie : mon Mémoire contient en outre des observations & des expériences qui me sont particulieres.

détails qu'il contenoit, elle ne l'a pas cou-
ronné, elle a remis le prix pour l'année 1769,
en invitant l'Auteur à donner plus de soins
& d'attention à la troisieme partie de la question proposée. J'ai augmenté ce Mémoire
considérablement, & je me suis singuliere-
ment attaché à la troisieme partie de la question. Je l'ai ensuite renvoyé une seconde
fois pour concourir de nouveau ; mais
il n'a pas été plus heureux. Cependant comme cette dissertation contient la démons-
tration de plusieurs principes fondamentaux
relatifs à la vegétation, à l'agriculture, & à
l'économie animale ; j'ai pensé en le faisant
imprimer, faire plaisir & me rendre utile aux
Amateurs & aux Agriculteurs. Le point de
vue chymique, sous lequel je traite l'argille,
est absolument neuf. Je la considere comme
une matiere saline, dissoluble en entier dans
l'eau, sans laisser aucun résidu, si ce n'est
les matieres qui lui sont étrangeres ; en un
mot, je fait voir qu'elle est un sel vitriolique à base de terre vitrifiable, comme
le gypse est un sel vitriolique à base de terre
calcaire. Je me flatte que le Naturaliste & le
Chymiste seront également satisfaits, l'un

de voir un article d'Histoire Naturelle auffi
important, parfaitement éclairci, & l'autre
fur la multitude d'expériences nouvelles,
au moyen defquelles j'appuie ma nouvelle
doctrine. Mais en prenant le parti de faire
imprimer cet ouvrage, j'éfpere que l'Académie de Bordeaux ne me faura pas mauvais gré
que je profite de cette occafion, pour lui faire
quelques obfervations fur les expreffions
dont elle fe fert pour apprécier mon Mémoire : il m'a paru qu'elles manquoient d'e-
xactitude, ce qui pourroit faire foupçonner
qu'elle n'a pas entendu fuffifamment la va-
leur des expériences nouvelles fur lefquelles
j'appuie ma doctrine. En fecond lieu, il paroit qu'elle a trop fuppofé, en efpérant que
les trois membres de fa queftion, feroient,
par la voie de l'expérience, réfolues par la
même perfonne.

Il auroit été, ce me femble, plus convenable aux vues de l'Académie, de partager
la queftion en deux, & d'en faire le fujet de
deux prix ; parceque les deux premiers membres de la queftion : favoir, *quels font les
principes qui conftituent l'argille, & les chan-*

gemens naturels qu'elle éprouve , exige pour les résoudre , des connoissances profondes en Chymie & en Histoire Naturelle. L'Académie auroit dû, ce me semble , s'appercevoir que ces questions sont infiniment au dessus des connoissances ordinaires d'un Agriculteur. Le troisieme membre de la question, est , *quels seroient les moyens de la fertiliser :* ces moyens de rendre l'argille fertile , ne pouvoient être qu'indiqués par un Chymiste, il est du ressort d'un Agriculteur de soumettre à l'expérience , la théorie que le Chymiste découvre par ses expériences.

Il est facile de sentir combien il doit être rare , & peut-être impossible de trouver réunis dans un Agriculteur qui doit s'occuper des travaux rustiques de la campagne , toutes les connoissances qui sont nécessaires pour résoudre les trois membres de la question que l'Académie avoit proposée. Il faut de l'habitude & du tems pour refléchir sur ces sciences ; d'ailleurs , les travaux chymiques , sont pour le moins aussi laborieux que ceux de l'agriculture. Celui qui par état s'adonne à l'étude des sciences physiques , ne peut , ni n'a le tems de s'occuper à l'agriculture : s'il s'en occupe , c'est toujours aux dépens des connoiſſances qu'il pouvoit acquérir dans les autres parties.

Exiger qu'un ſeul homme réponde par des expériences aux trois membres de la queſtion, ce ſeroit exiger qu'un Chymiſte quittât ſon laboratoire pour aller s'occuper à la campagne des travaux de l'agriculture : ou bien obliger un Agriculteur à quitter ſes travaux ruſtiques , pour ſe renfermer dans un laboratoire pendant une vingtaine d'années , pour y apprendre la Chymie. Cependant par la maniere dont l'Académie a porté ſon jugement ſur les ouvrages qui lui ont été préſen. té , on pourroit croire que c'a été là ſon intention.

Voici de quelle maniere elle s'exprime dans ſon programe qui vient d'être imprimé dans le Mercure de France , pour le mois de Novembre 1769 , pag. 151 & ſuivantes , » ſur » la queſtion concernant l'argille. Si cette » Compagnie avoit borné ſa demande à ce » qui regarde les principes conſtituans de » cette ſubſtance & les divers changemens

» qu'elle éprouve, elle auroit eu peut-être
» la satisfaction, toujours bien sensible pour
» elle, de pouvoir décerner la couronne
» qu'elle avoit destinée à ce sujet, quoique
» cependant dans la piece, qui à cet égard,
» auroit pû réunir ses suffrages, *elle ait ap-*
» *perçu des résultats directement opposés à ceux*
» *que les plus savants Chymistes modernes*
» *ont obtenus des mêmes procédés.* Mais con-
» vaincu des secours & des lumieres que les
» sciences peuvent se prêter les unes aux au-
» tres pour les besoins des hommes ; & met-
» tant toujours sa gloire à les ramener toutes
» à des objets d'utilité publique, elle avoit
» encore voulu en invitant, pour ainsi dire,
» la Chymie à sortir de sa sphere ordinaire,
» l'engager à jetter quelques regards sur l'a-
» griculture, & à étendre les bienfaits de
» son art sur cette partie si intéressante pour
» l'humanité. Lorsqu'elle réserva ce prix en
» 1767, elle ne laissa même plus ignorer que
» c'étoit là le principal objet qu'elle avoit eu
» en vue, en proposant ce sujet dans les ter-
» mes de son programe.

　» Elle avoit en conséquence pour lors in-

» vité les auteurs qui voudroient concourir
» pour ce prix , & notamment celui d'une
» diſſertation qui lui avoit été envoyé avec
» cette épigraphe. *On ne s'imagine pas qu'on*
» *puiſſe , avec le tems , parvenir au point de*
» *reconnoître tous ces différens objets , à don-*
» ner plus de ſoins & d'attentions à la troi-
» ſieme partie de la queſtion propoſée , & à
» appuyer , ſur-tout du ſecours de l'expé-
» rience , les moyens qu'ils auroient à indi-
» quer pour remplir les vues qu'elle préſen-
» toit.

» Dans les pieces qu'elle a reçues cette an-
» née , à examiner , elle a vu avec regret ,
» que cette partie avoit encore été trop né-
» gligée par la plupart de leurs auteurs , &
» que ſi celui de la diſſertation indiquée y a
» fait particulierement à cet égard des addi-
» tions conſidérables , y a même tracé le plan
» des expériences qu'une théorie profonde
» & éclairée lui ſuggéroit , il s'eſt néanmoins
» contenté de préſenter cette théorie ſeule &
» privée du témoignage de la pratique , en
» laiſſant à déſirer que , non moins ſenſible à
» la gloire de mériter par ſes travaux la re-

» connoiſſance des hommes, qu'à celle d'ob-
» tenir une couronne littéraire, il eût voulu
» lui-même exécuter les procédés qu'il indi-
» quoit, & qui, peut-être dans ſes mains,
» plutôt que dans celles de tout autre, au-
» roit forcé la nature à lui dévoiler le ſecret
» des combinaiſons qu'elle emploie pour ren-
» dre les terres propres à la végétation.

   » Ne trouvant donc point encore ſon ob-
» jet parfaitement rempli, l'Académie a été
» obligée de réſerver une ſeconde fois ce
» prix; mais, dans l'eſpérance que de nou-
» veaux efforts de la part des auteurs, qui
» ſe ſont déja préſentés, ou que de nouveaux
» ouvrages de la part de ceux qui voudroient
» ſe mettre ſur les rangs, pourront enfin plei-
» nement ſatisfaire ſes vues; elle en a con-
» ſervé la deſtination au même ſujet qu'elle
» repropoſe dès aujourd'hui pour 1773, afin
» de donner aux auteurs le tems qui pourroit
» leur être néceſſaire pour faire les expérien-
» ces relatives à la queſtion propoſée «.

L'Académie dit avoir apperçu dans mon
Mémoire, que *je tire des réſultats directe-*
ment oppoſés à ceux que les plus ſavants Chy-

mistes modernes ont obtenus des mêmes procédés.

L'Académie voudra bien me permettre de lui dire une seconde fois qu'elle n'a pas entendu mes expériences, & qu'elle n'a pas su distinguer ce qu'il y a de neuf dans ces expériences, ou bien qu'elle ne connoit point les travaux chymiques publiés avant mon Mémoire : il m'est facile de prouver ce que j'avance ici.

J'établis, & je prouve par de bonnes expériences, l'état salin de l'argille, je fais voir qu'elle est une matiere saline, &, comme je viens de le dire, dissoluble en entier dans l'eau : je compare cette espece de matiere saline à l'alun, je fais voir que ces deux substances sont absolument de même espece, & qu'elles ont plus ou moins les mêmes propriétés.

L'argille admet dans sa combinaison toutes sortes de doses d'acide vitriolique, & forme de véritable alun avec une dose convenable de cet acide. De même l'alun saturé par sa terre, forme un sel neutre, qui n'a plus de saveur comme l'argille, il est aussi peu diſſoluble dans l'eau , &c. &c. On verra dans le détail de mes expériences pluſieurs phénomenes ſemblables, auſſi neufs, ſur leſquels j'établis ma doctrine , & d'après leſquels je tire les réſultats que l'Académie prétend être oppoſés à ceux qu'en ont tirés d'habiles Chymiſtes des mêmes procédés. Pour que l'Académie ſoit en droit de s'exprimer ainſi , il faut qu'elle ait connoiſſance que ces découvertes aient été faites avant moi par d'autres Chymiſtes ; dans ce cas je la prie de nommer les Chymiſtes & les ouvrages où ces découvertes ſont publiées. Mais je ne ſache pas que l'Académie puiſſe me dire que ce ſoit des expériences que j'aie répétées d'après quelques Chymiſtes. Ces expériences ſont abſolument neuves ; ainſi les réſultats que j'en tire, ne ſont , & ne peuvent être *directement oppoſés à ce que d'habiles Chymiſtes en ont tiré avant moi* , puiſque ces expériences leur étoient inconnues.

L'Académie ſollicite les Chymiſtes à ſortir de leur ſphere, pour les engager, dit-elle, *à jetter quelques regards ſur l'agriculture :* c'eſt bien, ce me ſemble, dire poſitivement que les connoissances de l'agriculture ne sont pas suffisantes pour résoudre toute la question qu'elle a proposée. C'est implorer *les secours de la Chymie envers un art si utile à l'humanité*, comme l'Académie le dit elle même. Mais pour la premiere fois peut-être qu'elle reçoit un Mémoire chymique sur l'agriculture, a-t-elle accueilli ce Mémoire proportionnellement à son invitation ? Elle est cependant, dit-elle, satisfaite des réponses aux deux premiers membres de la question qu'elle propose. Quant au troisieme membre, elle trouve que j'ai fait *des additions considérables, que j'ai tracé le plan des expériences qu'une théorie profonde & éclairée m'a suggéré ; mais que je me suis contenté de présenter cette théorie seule, & privée du témoignage de la pratique.*

Pouvoit-elle espérer qu'un Chymiste en pût faire davantage : ne lui suffisoit-il pas d'avoir établi par beaucoup d'expériences & de recherches, la théorie demandée par l'Académie, & d'avoir indiqué aux Agriculteurs les moyens d'appliquer cette théorie à la pratique ; c'est au Public à prononcer entre l'Académie & moi, & en attendant je déclare

à cette Compagnie, que je ne m'occuperai
plus davantage de cet objet, du moins relativement au programe qu'elle a publié. Mais
comme d'autres que moi pourront s'en occuper, & que mes travaux pourront leur être
utiles, j'ai cru devoir les publier, afin qu'ils
puissent en avoir connoissance, ce qui n'auroit pu avoir lieu, si ce Mémoire fut resté
enseveli dans le dépôt Académique.

Au reste, je puis assurer que ce Mémoire
est ici tel qu'il a été présenté au concours de
l'année 1769. J'en ai laissé exprès l'original
entre les mains du Secrétaire de l'Académie,
pour qu'on puisse y avoir recours en cas de
besoin.

MEMOIRE

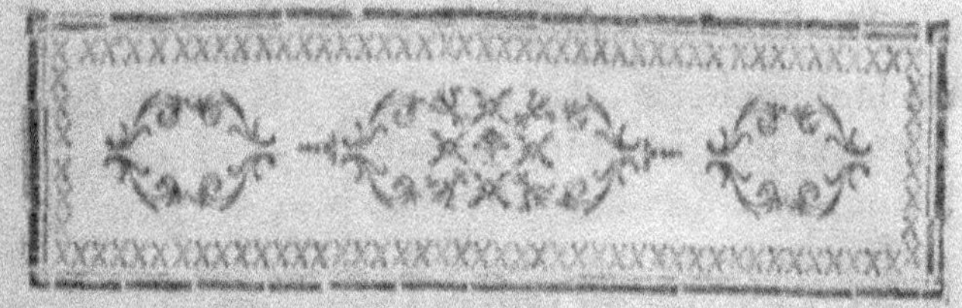

MEMOIRE

SUR LES ARGILLES,

OU

RECHERCHES ET EXPERIENCES

CHYMIQUES ET PHYSIQUES.

La question que l'Académie de Bordeaux a proposée à résoudre sur les argilles, énoncée en ces termes : *Quels sont les principes qui constituent l'argille, & les changemens naturels qu'elle éprouve, & quels seroient les moyens de la fertiliser*, doit être considérée comme étant de la dernière importance, puisque comme je me propose de le faire voir, elle tient autant à l'économie animale, qu'à la végétation.

La nature des argilles est encore aussi peu connue des Naturalistes que des Chymistes ; les ouvriers les emploient de tems immémorial dans plusieurs arts, pour la construction

A

de la porcelaine, de la fayence, & des autres
poteries de terre plus communes, &c. sans
jamais s'être embarrassés de leur origine &
de leur nature.

Pour exposer un système vraisemblable sur
l'origine des argilles, il faudroit avoir des
notions exactes sur l'origine du globe que
nous habitons, connoître les changemens
qu'il a éprouvés depuis qu'il est formé, &c.
Ce sont des spéculations, qui toutes philoso-
phiques qu'elles peuvent être, ne répon-
droient point aux questions proposées, quand
même on rencontreroit juste : l'intervalle
qu'il y a entre nous & le tems où il a plû au
Créateur de former ce globe, laisse un voile
ténébreux, qui sera peut-être toujours pour
nous impossible à lever : nous sommes réduits à ne pouvoir qu'examiner les corps qui
sont sous nos yeux. Mais si nous ne pouvons
découvrir leur origine, tâchons au moins
d'acquérir par la voie de l'expérience, des
connoissances sur leur nature : c'est le parti
le plus raisonnable, & celui que l'Académie
de Bordeaux a pris sur la matiere dont il est
question.

Les argilles font en plus grande quantité
dans la nature, que toutes les autres matieres terreuses ; ce sont elles en effet qui composent le fonds de la végétation, qui à ce
titre sont les plus nécessaires, & que la Pro-
vidence a conséquemment le plus universel-

lement diſtribuées. Il n'y a gueres de pays où l'on ne trouve des bancs d'argilles plus ou moins conſidérables. Toutes les terres propres à la végétation ſont remplies de cette eſpece de terre ; je me flatte même de démontrer par des expériences chymiques, qu'il n'y a que cette eſpece de terre qui entre vraiment dans la compoſition des végétaux & des animaux.

Les terres calcaires, les ſablons & les ſables de riviere, ou graviers, qui ſe trouvent mêlés dans les terres labourables, ne ſervent qu'à diviſer les terres argilleuſes, à diminuer leur compacité, à les empêcher de durcir, en un mot à leur procurer la facilité de ſe laiſſer pénétrer par l'eau des pluies plus facilement qu'elles ne le ſeroient ſans ce mélange ; en diviſant ainſi les argilles, elles les rendent plus légeres, plus meubles, enfin plus propres à laiſſer percer le germe des plantes qu'elles renferment, & à laiſſer étendre les racines.

Propriétés générales des Argilles.

Les argilles ſont des terres graſſes, douces au toucher, qui s'attachent à la langue, qui ſe pétriſſent avec de l'eau, qui ſe réduiſent en pâte, qui ont aſſez de liant pour ſe laiſſer travailler ſur le tour, qui pétillent & ſautent en éclats avec exploſion lorſqu'elles ne ſont pas parfaitement seches, & qu'on les expose brusquement au grand feu, & qui alors se réduisent en poudre avec un mouvement de décrépitation. Les argilles parfaitement pures, n'entrent point en fusion à la violence du feu; mais elles ont la propriété de s'agglutiner, de prendre assez de corps, & d'acquérir assez de dureté pour jetter des étincelles comme une pierre à fusil, lorsqu'on les frappe contre de l'acier : les argilles se dissolvent difficilement dans les acides. Telles sont les propriétés générales de ces terres : examinons présentement quelle est leur nature, & quels sont les principes qui les constituent.

PREMIERE QUESTION.

Quels sont les principes qui constituent les Argilles.

Les argilles sont de la terre vitrifiable de la nature du sable, prodigieusement divisée, unie à de l'acide vitriolique : c'est une vraie sélénite à base de terre vitrifiable, ou un sel vitriolique à base de terre vitrifiable, mais dont la proportion de terre surpasse considérablement celle de l'acide vitriolique; de là vient que les argilles sont peu dissolubles dans l'eau, parcequ'elles s'éloignent considérablement de l'état salin , mais lorsque l'acide s'y trouve en plus grande quantité , & que sa dose est égale à celle de la terre , elles sont non seulement dissolubles dans l'eau , mais même elles forment des crystaux très gros , très dissolubles , comme je le démontrerai successivement , & ces crystaux sont de l'a-lun.

Presque toutes les argilles contiennent un sable très fin , tellement mêlé & combiné avec l'argille, qu'on ne peut l'en séparer que par des moyens chymiques. Ce sable est une portion de terre semblable à celle qui constitue l'argille , mais qui n'est pas combinée avec de l'acide vitriolique.

On remarque beaucoup de variété dans les argilles , tant par leur couleur, que par les proportions d'acide vitriolique qu'elles contiennent. Nous allons d'abord examiner les variétés qu'on observe dans les couleurs , ensuite nous considérerons celles qu'on remarque dans les proportions de l'acide vitriolique.

On trouve de l'argille entierement noire , il y en a à Montereau sur l'Yonne des bancs considérables ; cette couleur lui est donnée par des matieres phlogistiques provenant des sucs des végétaux & des animaux. Il y a de l'argille verte dans les environs de Reims , celle-ci tient du cuivre dans l'état de verdde-gris qui lui donne cette couleur. Il y a d'autres argilles qui font jaunes , d'autres rouges , bleues , grifes , blanches , &c. d'autres font veinées de différentes couleurs, femblables par leur arrangement & pour leur variété à celles des plus beaux marbres colorés. Les terres qu'on nomme bols, telles que le bol d'Arménie , font des argilles colorées par du fer. Toutes ces couleurs , font abfolument étrangeres à la nature de l'argille , elles y font produites par des matieres végétales , animales & métalliques , réduites dans un état de divifion extrême. Quelquefois les fubftances des trois regnes colorent l'argille tout en même tems , & quelquefois elle n'eft colorée que par des fubftances d'un feul regne.

Dans les environs de Gifors , on tire une argille avec laquelle on fait des creufets pour la Verrerie de Sevre près de Paris, cette argille eft de couleur grife. J'ai eu occafion de l'examiner , j'ai reconnu qu'elle contient une petite quantité d'or , elle devient d'un beau couleur de rofe lorfqu'on la calcine au grand feu après l'avoir mêlée avec de la chaux d'étain.

Les argilles colorées contiennent prefque toutes des pyrites. Dans les unes les pyrites y font dans un état d'efflorefcence , & quelquefois en poufliere , dans d'autres les pyrites y font entieres. Ces matieres alteren considérablement la pureté des argilles, on est obligé de les séparer lorsqu'on en veut faire de bonne poterie.

J'ai observé pareillement beaucoup de variété dans les argilles, relativement à l'acide vitriolique qu'elles contiennent : toutes celles qui sont colorées en renferment davantage que celles qui sont blanches & sans couleur. On trouve des terres blanches qui se dissolvent peu ou point dans les acides, elles ont du liant, mais beaucoup moins que les argilles, elles ne contiennent point d'acide vitriolique ; ces especes de terres sont celles qui servent de base aux argilles. On trouve souvent de ces terres, mais elles ne sont pas de vraies argilles, elles sont aux argilles ce que les craies sont au plâtre. Ces dernieres terres (les craies) sont comme on le sait la base du gypse, mais elles ne sont pas du gypse. Ce qui constitue donc essentiellement l'argille, c'est *la combinaison de l'acide vitriolique avec une terre vitrifiable.*

Toutes les argilles colorées par des matieres végétales & animales, blanchissent au feu ; leur matiere colorante se détruit, mais ces terres ne blanchissent jamais assez pour faire de belle poterie blanche, & il est rare qu'elles puissent servir à faire de belle porcelaine, parceque si elles blanchissent à un léger coup de feu, il leur arrive toujours de reprendre beaucoup de couleur, lorsqu'elles

éprouvent le dégré de feu convenable pour
les cuire. Celles qui sont colorées par des matieres métalliques , sont encore moins bonnes pour cet objet , l'action du feu développe
même des couleurs nouvelles , elles ont d'ailleurs l'inconvénient d'entrer en fusion & de
se réduire en verre par la violence du feu ,
parceque les matieres métalliques aussi bien
que les terres calcaires leur servent de fondant. C'est par cette raison que les argilles
blanches qui sont les plus pures , sont préfé-
rées pour la porcelaine , sur-tout lorqu'elles
ne contiennent point d'autres terres étrangeres , qu'elles sont bien liantes , & qu'elles
conservent leur grand blanc après avoir éprouvé la plus vive action du feu , & tout l'endurcissement qu'elles peuvent acquérir. On
en connoit fort peu de cette espece qui aient
ces qualités , quoiqu'il fut fort utile pour les
poteries blanches & pour la porcelaine d'en
avoir à choisir.

En général , j'ai remarqué que les argilles
blanches ont moins de liant que les bleues ,
les noires & les grises , qui servent à faire les
poteries communes. Ce défaut leur vient de
ce que leurs molécules sont moins fines , &
qu'elles sont elles mêmes presque toujours
mêlées avec une très grande quantité de mica ; plusieurs même en sont tellement altérées , qu'on pourroit croire que ces especes
d'argilles ne seroient rien autre chose que du

talc ou du mica qui s'eſt détruit & réduit en poudre par le laps du tems , & par les révolutions qui ſont arrivées à notre globe. On pourroit encore préſumer que ce ſont des argilles qui commencent à ſe dénaturer , à perdre de leur acide , à s'éloigner de l'état ſalin , & à former de nouveaux corps , qui ceſſent d'avoir les caracteres diſtinctifs des argilles.

On doit attribuer le liant des argilles à l'extrême diviſion de leurs parties qui les rend propres à retenir l'eau , & à leur état ſalin qui leur donne la faculté d'être preſque diſſolulubles dans l'eau. Leurs molécules ſont beaucoup plus dans l'état de diviſion , que celui qu'on pourroit procurer à une pierre quelconque par des moyens méchaniques. On peut bien donner au ſable & à toutes les matieres vitrifiables beaucoup de liant en les réduiſant en poudre impalpable ſur le porphyre ; mais quelque diviſées que ſoient ces ſubſtances , elles ne peuvent jamais acquérir le liant des argilles , parcequ'elles n'ont rien de ſalin qui les rende miſcibles à l'eau ; les argilles elles-mêmes n'ont preſque plus de liant lorſqu'on leur a enlevé leur acide , quoique la ſubſtance terreuſe reſte dans le plus grand état de diviſion. C'eſt pour cette raiſon que les argilles blanches , qui ſont toujours remplies de *mica* , & qui ſont par conſéquent moins dans l'état ſalin , ne ſont pas à beaucoup près auſſi liantes , & ſe ſechent plus promptement que les argiles fortes ; elles font aussi plus sujettes à se fendre en se séchant, & plus faciles à être pénétrées & délayées par l'eau.

Lorsqu'on expose les argilles à la violence du feu, elles durcissent toutes, les unes plutôt, les autres plus tard. En examinant avec attention ces phénomenes, il ne paroît pas difficile d'en deviner la cause : les argilles ainsi exposées à l'action du feu, prennent beaucoup de retraite, c'est-à-dire, qu'elles occupent après la calcination un volume moins grand qu'auparavant.

Les argilles blanches & parfaitement pures, ont besoin d'un plus grand coup de feu pour durcir complettement, parcequ'elles contiennent essentiellement moins d'acide vitriolique qui est un principe de fusibilité, comme je le démontrerai. Les argilles bleues, contiennent toutes plus d'acide vitriolique, elles sont d'ailleurs mêlées pour l'ordinaire avec une certaine quantité de fer, qui facilite considérablement leur endurcissement : on doit considérer cet effet, comme produit par une disposition à la fusion ; aussi les argilles entrent réellement en fusion, & se convertissent en verre, lorsqu'elles contiennent une certaine quantité de quelques chaux métalliques, quoiqu'elles n'éprouvent qu'un feu égal à celui qui ne fait que durcir les argilles pures.

La diminution de volume que les argilles éprouvent par la calcination, vient de deux causes : 1°. de l'humidité qui s'évapore, laquelle est si tenace, que les argilles en contiennent encore, même lorsqu'elles sont rougies à blanc ; je m'en suis assuré en pesant un morceau d'argille tout rouge, & que j'ai repesé après l'avoir tenu encore deux heures au très grand feu sous la mouffle d'un fourneau de coupelle : j'ai trouvé que cette argille avoit diminué considérablement de poids & de volume.

2°. Lorsque l'argille est rouge à blanc, elle est dans un état de molesse, comme un corps qui se dispose à la fusion, quoiqu'elle soit pour cela fort éloignée de se fondre : néanmoins lorsqu'elle est parvenue à cet état, les parties de la terre se rapprochent les unes des autres, & la masse totale acquiert plus de densité en diminuant de volume.

L'acide vitriolique, comme principe de fusibilité des argilles, facilite encore leur endurcissement ; aussi j'ai remarqué que les terres argilleuses, desquelles j'avois séparé l'acide vitriolique, avoient besoin d'un coup de feu infiniment plus fort pour acquérir tout le dégré de cuisson & de dureté dont elles sont susceptibles ; j'ai observé que les argilles les plus liantes, & qui retiennent en même tems la plus grande quantité d'eau, sont celles qui prennent le plus de retraite au feu.

Préſentément , il convient que nous exa-
minions les propriétés ſalines, que nous avons
dit avoir reconnues dans l'argille , & les
principes qui conſtituent cette terre. Com-
mençons par démontrer l'exiſtence de l'acide
vitriolique , enſuite nous examinerons l'eſpece de terre qui fait la baſe des argilles.

On emploie l'argille avec ſuccès pour dé-
compoſer le nitre & le ſel marin , & pour
avoir à part l'acide de ces ſels , on prend
ordinairement ſix ou huit parties d'argille
contre une de l'un ou de l'autre de ces ſels ;
il reſte dans la cornue après la diſtillation une
matiere terreuſe , dans laquelle pluſieurs
Chymiſtes croyoient qu'il n'exiſtoit aucun ſel,
parcequ'ils n'ont pu en rien tirer.

En examinant cette matiere avec attention , je me ſuis d'abord apperçu que le
caput mortuum provenant de ces diſtillations ,
ſe trouvoit augmenté préciſément dans les
mêmes proportions qu'il ſe trouve de baſe
alkaline dans les ſels que j'avois employés.
J'étois pour lors bien convaincu , que l'alkali
de ces ſels étoit reſté mêlé aux argilles ; il
me reſtoit à connoître l'état où il ſe trouvoit. J'ai fait bouillir dans de l'eau une certaine quantité de ces *caput mortuum* , j'ai filtré
la liqueur : elle paſſe très difficilement , parceque la ſubſtance de l'argille eſt ſi adhérente
à ces ſels , qu'elle ſe diſſout pour ainſi dire
avec eux , plutôt que de s'en ſéparer , auſſi ,

par ce moyen je n'ai pu en tirer qu'une très petite quantité de fel fort impur & mêlé de terre ; mais comme j'étois bien perfuadé que le nitre & le fel marin font décompofés dans ces opérations en raifon de l'acide vitriolique contenu dans les argilles , & que cet acide ayant dégagé ceux du nitre & du fel marin , il devoit s'être combiné avec leur bafe alkaline , il devoit par conféquent s'être formé du fel de duobus avec l'alkali du nitre , & du fel de Glauber avec l'alkali marin. Je penfai alors que les difficultés qu'on éprouvoit pour tirer les fels de ces réfidus , venoient uniquement de ce qu'ils avoient éprouvé par la violence du feu un commencement de combinaifon avec la terre vitrifiable de l'argille ; je penfai que l'addition d'un peu d'alkali fixe , feroit très propre à détruire l'adhérence de ces fels avec la terre : mes efpérances ont été confirmées par l'expérience. J'ai fait bouillir de ces *caput mortuum* dans de l'eau avec un peu d'alkali fixe , qui a tellement détruit l'adhérence de la terre avec les fels , que les liqueurs filtroient très claires & très facilement : mifes enfuite à évaporer & à cryftallifer , j'ai obtenu , favoir , du *caput mortuum* provenant de la décompofition du nitre , un vrai fel de duobus , & du *caput mortuum* provenant de la décompofition du fel marin , un très beau fel de Glauber.

Ces expériences font démonftratives pour

prouver l'exiſtence de l'acide vitriolique dans les argilles. Le foie de ſoufre qu'on fait avec l'argille, eſt une nouvelle preuve qui con-firme l'exiſtence de cet acide vitriolique dans ces ſortes de terres. J'ai fait fondre dans un creuſet un once d'argille, huit onces d'alkali fixe, & une demi once de charbon en poudre ; j'ai leſſivé dans de l'eau cette matiere, j'ai fil-tré la liqueur, elle avoit tous les caracteres du foie de ſoufre ordinaire, & j'en ai ſéparé par le moyen du vinaigre diſtillé le ſoufre qui s'eſt formé. Je ne penſe pas qu'il ſoit néceſ-ſaire de rapporter un plus grand nombre d'ex-périences pour démontrer l'exiſtence de l'a-cide vitriolique dans les argilles ; mais il con-vient que nous diſions un mot ſur la force avec laquelle il tient à la terre argilleuſe.

Les poteries, les fourneaux, les creuſets, les porcelaines terreuſes, ont néceſſairement de l'argille pour baſe. Lorſqu'on fait cuire ces vaſes, l'action du feu fait diſſiper une partie de l'acide vitriolique, il ſe répand dans le voiſinage une odeur d'acide ſulfureux vo-latil, qui eſt conſidérable. On s'apperçoit encore mieux de cette odeur lorſqu'on eſt à la proximité des fours où l'on fait cuire des briques & des tuiles. Mais ce n'eſt que la plus petite partie de l'acide qui s'évapore, elle n'eſt même que proportionnelle à la quan-tité de matiere phlogiſtique qui eſt contenue dans l'argille. Les tuiles & les briques de

Bourgogne sont faites avec une argille passa-
blement réfractaire, elles sont les plus cui-
tes de toutes celles que l'on connoit à Paris :
le plus grand nombre est même vitrifié à sa
surface, ce qui suppose qu'elles ont reçu
un très grand coup de feu. Cependant elles
contiennent encore une si grande quantité
d'acide vitriolique, qu'on croiroit qu'elles
n'en ont point perdu du tout pendant leur
cuisson.

J'ai réduit en poudre assez grossiere des
tuiles & des briques de Bourgogne, chacune
séparément ; j'ai versé par dessus l'une & l'autre de l'eau distillée & froide. L'infusion d'un
quart d'heure a suffi pour charger l'eau d'un
sel vitriolique à base terreuse, qui a commu-
niqué de part & d'autre à l'eau distillée, une
faveur d'eau crue, semblable à celle des eaux
des puits de Paris. Ces liqueurs filtrées pré-
cipitent en jaune du turbith minéral le mercure dissous dans l'acide nitreux : l'alkali
fixe en fait précipiter une terre jaunâtre. Je
sens bien qu'on peut m'objecter que l'argille
avec laquelle on fait des tuiles & des briques contient des pyrites qu'on ne se donne
pas la peine de séparer, & qui sont calcinées
pendant la cuite de la brique : elles se trouvent alors dans l'état le plus favorable pour
tomber en efflorescence, & pour produire
dans l'eau tous les phénomenes dont nous
venons de parler.

Ainſi l'acide vitriolique que l'on retrouve dans les tuiles & dans les briques ne ſeroit plus fourni par l'argille, mais par les pyrites.

Cette objection eſt ſpécieuſe, mais il eſt facile de la détruire par les expériences ſuivantes.

J'ai pulvériſé & broyé ſix onces de porcelaine des Indes : je l'ai mêlé avec une once de nitre très pur, j'ai mis ce mélange en diſtillation dans une cornue de verre. Au premier dégré de chaleur, l'acide nitreux a été dégagé, & il s'eſt élevé des vapeurs rouges, comme lorſqu'on décompoſe le nitre avec de l'argille ordinaire, & j'en ai retiré la même quantité d'acide nitreux.

On ne peut pas attribuer ces effets à des pyrites qui ſeroient contenues dans la porcelaine, parcequ'on ne fait entrer dans ſa compoſition que des argilles qui n'en contiennent pas, ou ſi elles en contiennent, on les ſépare avec le plus grand ſoin. Au reſte, je puis aſſurer que la porcelaine que j'ai employée dans cette expérience n'en contenoit pas du tout : auſſi l'acide vitriolique qui s'eſt manifeſté étoit bien celui qui étoit réellement contenu dans l'argille qui a ſervi à faire la porcelaine, & qui s'y eſt conſervé malgré la violence du feu qu'elle a éprouvée pour ſe cuire en porcelaine. J'ai fait cette expérience dans une cornue de verre, & non dans une

cornue

cornue de grès, afin qu'on ne puisse pas attribuer la décomposition du nitre, à la terre
argilleuse de la cornue.

Les poteries qu'on nomme grès, & qui
ne font faites que d'argilles pures, éprouvent
pour leur cuisson, un feu de huit jours qui est
très violent pendant les trois derniers jours :
cependant il n'est pas à beaucoup près suffi-
sant pour faire dissiper tout l'acide vitriolique de l'argille, il ne s'en dissipe qu'une fort
petite quantité ; la plus grande partie reste
combiné avec la terre, se vitrifie avec elle
plutôt que de s'évaporer malgré la violence
du feu. J'ai réduit en poudre fine une livre
de grès de *Savigny* près de Beauvais en Picar-
die. Je l'ai fait calciner pendant deux heures, à un coup de feu qui fait fondre dans une
demi heure un mélange de parties égales de
craie & d'argille en un verre net & transparent ; je me suis servi de ce grès ainsi calciné, pour décomposer du nitre & du sel marin,
il a dégagé leurs acides, avec autant de facilité que l'auroit fait de l'argille pure. Quelques
Chymistes, pensent au contraire que les argilles perdent leur acide vitriolique pendant la
calcination; mais il me semble que les preuves
qu'ils apportent pour appuyer leur sentiment,
ne font pas suffisamment démonstratives.

L'alkali fixe qui décompose tous les sels
neutres à base terreuse, soit par la voie seche,
soit par la voie humide, devient impuissant

par la voie humide , pour féparer l'acide vitriolique de l'argille , à moins qu'elle ne foit
elle-même entierement diffoute dans l'eau.
J'ai fait bouillir pendant douze heures , deux
livres d'argille blanche avec autant d'alkali
fixe , dans une fuffifante quantité d'eau , l'argille devenoit comme foyeufe , les molécules en fe mouvant dans l'eau , faifoient des
reflets femblables à ceux que jette la moire.
J'ai filtré la liqueur , elle étoit tout auffi alkaline qu'avant cette opération , & je n'en
ai jamais pu tirer de tartre vitriolé : elle a
feulement dépofé par le féjour , une portion
d'argille que l'alkali fixe avoit diffoute. J'ai
lavé cette argille dans beaucoup d'eau pour la
deffaler entierement , & je l'ai laiffé fécher.
Je m'en fuis fervi pour décompofer du nitre,
& du fel marin , elle a décompofé ces fels
avec la même facilité , que de pareille argille qui n'a point fubi ces opérations. Quelques Chymiftes penfent le contraire , &
croient que ce moyen eft fuffifant pour enlever à l'argille fon acide vitriolique.

Tout ceci prouve donc, que l'acide vitriolique , eft un des principes conftituants des
argilles , & que cet acide y eft prodigieufe-
ment adhérent , ce qu'on n'avoit pas même
foupçonné avant moi. Toutes ces propriétés
des argilles font communes au fel fédatif : cette efpece de fel eft neutre , comme le font les
argilles , il fait fonction d'acide , il décom-

pofe le nitre & le fel marin, comme le font
les argilles, il eft indécompofable par la violence du feu, par l'alkali fixe, de même que
les argilles : il eft compofé de terre argilleufe
& d'un acide, comme le font les argilles, il
en differe cependant par d'autres propriétés,
comme d'être infiniment plus falin, plus dif-
foluble dans l'eau, & indécompofable par
l'alkali fixe : au lieu que les argilles le font
lorfqu'elles font entierement diffoutes dans
de l'eau, comme nous le verrons dans un inftant. Ces obfervations me confirment dans l'i-
dée où j'étois que le fel fédatif eft un fel vitriolique à bafe de terre vitrifiable, féparé
des argilles par le moyen des graiffes, & dans
lequel entre auffi une certaine quantité d'a-
cide de la graiffe, mais dépouillé de toute
matiere phlogiftique furabondante à l'effence
faline.

Je vais démontrer préfentement, que l'argille eft une vraie matiere faline, & qu'elle
a les principales propriétés des fels, mais à
des dégrés peu fenfibles, parcequ'il entre dans
fa compofition beaucoup plus de terre que
n'en contiennent tous les fels à bafe terreufe
connus, ce qui rend les argilles infiniment
moins diffolubles que tous les fels dont nous
parlons. L'argille doit même être confidérée
comme le feul fel à bafe terreufe connu, qui
ait la propriété d'admettre dans fa compofition

toutes fortes de dofes de fa terre , fans que
celle de l'acide varie : c'eft ce que nous dé-
montrerons fucceffivement.

J'ai fait bouillir un grand nombre de fois
dans beaucoup d'eau diftillée, des argilles blanches & colorées, chacune féparément ; j'ai filtré les liqueurs , je les ai quelquefois fait
évaporer fur le feu , & dans d'autres circonf-
tances je les laiffois s'évaporer d'elles mêmes
à l'air , mais enfermées dans des vaiffeaux de
verre , couverts d'un papier pour les garantir
de la pouffiere. Par l'évaporation fur le feu ,
je n'obtenois qu'une efpece de poudre , qui
n'avoit aucune apparence de figure réguliere,
mais par l'évaporation fpontannée j'obtenois
une matiere pulvérulente , dans laquelle on
diftinguoit de petits cryftaux difpofés en petites écailles comme le mica : l'eau dans laquelle j'avois fait bouillir l'argille blanche,
étoit fans couleur , elle avoit une faveur fade
& dure , femblable à celle des eaux des puits
de Paris ; elle verdiffoit le fyrop violat à raifon de l'excès de terre que contient la matiere faline dont elle étoit chargée.

La décoction de l'argille colorée , avoit une
légere couleur ambrée , elle a même laiffé
dépofer un peu d'ocre ; évaporée des deux
manieres comme la décoction de l'argille blanche , elle a donné les mêmes réfultats , mais
dans un dégré plus marqué , les cryftaux qui
fe font formés par une évaporation fponta-

née, étoient infiniment plus larges & plus semblables au mica, parceque cette argille tient davantage d'acide vitriolique, & qu'elle est plus dans l'état salin.

La saveur que l'argille procure à l'eau, la dissolubilité de cette matiere & sa crystallisation, sont, comme on le sait, des propriétés salines & communes à tous ces sels.

Toutes les eaux des grandes rivieres qui sont bordées de bancs argilleux, contiennent une semblable sélénite vitrifiable, dont la dose est depuis cinq jusqu'à dix grains par pinte de Paris. On peut l'obtenir en laissant évaporer à l'air libre une certaine quantité de ces eaux dans des vases propres : l'eau peut s'en charger d'une plus grande quantité, & elle s'en charge en effet, lorsqu'on fait bouillir de l'argille dans de l'eau. J'ai tenté, mais inutilement, de dissoudre toute une quantité donnée d'argille dans de l'eau ; il est toujours resté une matiere terreuse, sableuse, très fine, absolument indissoluble parcequ'elle n'est pas combinée avec de l'acide vitriolique, & par conséquent point dans l'état salin. J'ai filtré les liqueurs, je les ai mêlées, j'y ai ajouté de l'alkali fixe, il s'est fait un précipité terreux fort blanc, j'ai lavé & seché cette terre, elle s'est trouvée absolument semblable à celle de l'alun, les liqueurs mises en évaporation, m'ont fourni du tartre vitriolé.

Cette expérience prouve bien l'état salin dans lequel se trouve l'argille, lorsqu'elle est ainsi dissoute dans l'eau, elle est débarrassée de toutes matieres étrangeres à l'essence saline. Dans cette circonstance, elle se prête davantage à sa décomposition par l'alkali fixe, que lorsqu'elle est en masse d'aggregé, c'est ce que nous avons fait remarquer précédemment.

Examinons présentement la matiere terreuse de l'argille, & faisons voir qu'elle est essentiellement la même que celle qui sert de base à l'alun. Quelques Chymistes ont déja avancé cette proposition ; mais ni les uns ni les autres ne nous ont fait connoître la nature de cette terre. On est en droit de leur demander de quelle nature est la terre de l'alun, ou de quelle nature est la terre de l'argille. Quelques Chymistes ont même avancé que la terre de l'alun est une véritable argille. Nous croyons que cela n'est pas suffisamment exact. Ce qui constitue essentiellement une argille *est la combinaison de la terre argilleuse avec l'acide vitriolique* : mais la terre séparée de cette combinaison n'est plus de l'argille, c'est la terre propre à former une argille ; je la nomme à cause de cela *terre argilleuse*.

L'alun ordinaire est un sel vitriolique à base de terre vitrifiable, composé de parties égales de terre argilleuse & d'acide vitrio-

lique : ce sel est avec excès d'acide, il rou-
git les couleurs bleues des végétaux, il se
dissout facilement dans l'eau & en très grande quantité. En considérant l'alun sous ce
point de vue, il ne paroît pas trop ressem-
bler aux argilles ; mais en l'examinant avec
plus d'attention, nous lui trouverons une
similitude parfaite.

J'ai précipité par de l'alkali fixe la terre
d'une certaine quantité d'alun, je l'ai lavée
dans de l'eau bouillante pour la dessaler entierement, & je l'ai fait sécher ; j'ai trouvé à
cette terre toutes les propriétés que j'ai reconnues à celle de l'argille préparée de la même maniere. Elle pete au feu, elle a beaucoup de liant, elle se laisse polir lorsqu'on la
frotte avec une lame de couteau, elle retient
l'eau aussi fortement que celle que j'ai tirée
de l'argille par le même procédé, elle résiste
à l'action du feu, & ne peut se cuire qu'à un
coup de feu excessivement fort ; étant mêlée
avec son poids égal de craie, elle ne se convertit point en verre lorsqu'on l'expose au
grand feu : il en est de même de la terre séparée de l'argille; par conséquent ces deux terres sont parfaitement semblables.

J'ai fait bouillir dans une suffisante quantité d'eau, quatre onces de terre d'alun &
deux onces d'alun ordinaire : cet alun s'est
tellement saturé de terre, que la liqueur
n'avoit pas la moindre saveur alumineuse,

elle n'avoît au contraire que celle des eaux
crues des puits de Paris. J'ai filtré la liqueur
& l'ai laissée évaporer à l'air libre ; dans l'espace de quelques mois , j'ai obtenu des cryftaux en petites écailles, semblables à ceux produits par les décoctions d'argilles , & qui
ressembloient à du mica. Ces cryftaux se dif-
folvoient difficilement dans l'eau & en auffi
petite quantité , en un mot je les ai trouvés
absolument semblables. J'ai broyé sur le porphyre le marc qui eft refté fur le filtre , & je
l'ai fait fécher ; il avoit les caracteres principaux de l'argille : cette terre en différoit en
ce qu'elle avoit moins de liant , qu'elle se
laiffoit décomposer plus facilement par l'alkali fixe que les argilles naturelles ; l'art en
cela ne peut imiter parfaitement la nature , &
combiner auffi intimement qu'elle le fait, une
petite quantité d'acide vitriolique avec une
très grande dofe de terre. Quoi qu'il en foit ,
il n'eft pas moins prouvé par toutes ces expériences, que l'alun eft une argille, qui contient
une affez grande quantité d'acide vitriolique
pour la réduire dans un état falin bien carac-
térifé , & que l'argille eft pareillement de
l'alun , mais dont la dofe de terre , furpaffe
tellement celle de l'acide vitriolique , qu'elle
fait difparoitre prefque entiérement les propriétés falines ; enfin en ajoutant à l'argille, la
dofe d'acide vitriolique qui lui manque, on
reforme de l'alun. Je m'en fuis affuré par une

infinité d'expériences faites sur des argilles
blanches & colorées. Je supprime ici le détail de ces expériences parcequ'on les trouvé
dans plusieurs livres de Chymie , je rappor-
terai seulement les principaux résultats.

Lorsqu'on dissout l'argille , dans de l'acide
vitriolique , il faut l'étendre dans beaucoup
d'eau , il y a toujours une matiere terreuse
qui refuse de se dissoudre , elle est un sable
très fin , ou une portion de terre de même nature que celle de l'argille , mais qui n'étant
point combinée avec de l'acide vitriolique ,
refuse de se dissoudre dans cet acide ; la dissolution filtrée & évaporée convenablement ,
fournit des cristaux qui sont de véritable
alun.

J'ai mis dans un matras , quatre onces d'argille blanche bien séchée , & réduite en poudre fine , je l'ai délayée avec douze onces d'eau
distillée ; j'ai ajouté à ce mélange six gros
d'acide vitriolique très pur & bien concentré , il ne s'est excité aucune effervescence ;
j'ai fait digérer ce mélange pendant deux
jours au bain de sable, en ayant soin de l'agi-
ter souvent ; ensuite j'ai filtré la liqueur au
travers d'un papier gris : la liqueur a passé très
claire , sans couleur , elle avoit une saveur
absolument semblable à celle d'une dissolution d'alun. Je l'ai mise dans un vase de verre,
couvert d'un papier pour la mettre à l'abri
de la poussiere ; par une évaporation spon-

ranée, j'ai obtenu cinq gros de matiere saline. La plus grande partie de ce sel étoit dif-
posée en petites écailles , comme du mica
blanc , & en avoit le brillant ; une autre portion étoit en petits cristaux régulierement
cristallisés comme l'alun : tout ce sel avoit la
saveur de l'alun , il boursoufloit au feu comme lui , & se réduisoit en alun calciné comme lui.

M. Margraffe , dans un Mémoire inseré
dans ses opuscules chymiques , page 98 ,
2e vol. édition françoise , dit avoir fait cette
expérience , & n'avoir jamais eu d'alun ,
qu'en ajoutant à ces mélanges une petite
quantité d'alkali fixe ; cependant je n'ai point
fait cette addition , & mon expérience a très
bien réussi.

J'ai lavé dans une très grande quantité
d'eau distillée , le marc qui est resté sur le filtre ; j'ai filtré la liqueur de nouveau , j'ai
versé dans cette liqueur une suffisante quantité d'alkali fixe , pour décomposer le sel terreux qu'elle tenoit en dissolution , & pour
avoir la terre à part : l'alkali fixe, a occasionné
un précipité blanc très léger , difficile à se ras-
sembler , qui retenoit fortement l'eau , il
avoit un liant mucilagineux comme la terre
de l'alun qui est précipitée de la même maniere. J'ai lavé cette terre à plusieurs reprises
dans beaucoup d'eau, & l'ai fait sécher , il s'en
est trouvé un gros & demi.

J'ai fait sécher la terre argilleuse restée sur le filtre, il s'en est trouvé trois onces & demie : c'est donc une demi-once qui s'étoit dissoute, tant par l'acide vitriolique, que par l'eau qui a servi à la laver. Cette argille après toutes ces opérations avoit moins de liant, parceque l'acide vitriolique & l'eau, ont dissout pendant le lavage la partie la plus fine, & que la partie sableuse qui n'a point de liant, se trouve rassemblée, & privée de la partie la plus fine.

Ces expériences prouvent, que si l'argille n'est pas entierement dissoute par l'acide vitriolique, il y en a du moins une partie ; mais voici une expérience qui prouve qu'elle est dissoluble en bien plus grande quantité dans cet acide.

J'ai mis dans une phiole, deux onces d'acide vitriolique concentré & très pur, avec vingt-quatre grains de la même argille ; j'ai fait bouillir ce mélange pendant un quart d'heure, il ne paroissoit pas que cet acide eut attaqué l'argille, mais je présumois qu'elle devoit se dissoudre au bout d'un long espace de tems. J'ai gardé ce mélange pendant plusieurs années en le remuant de loin en loin ; toute l'argille s'est dissoute dans l'espace d'une année à l'exception d'une très petite quantité de sable très fin. Au bout de quatre années, j'ai séparé le dépôt, je l'ai lavé, & fait sécher, il s'en est trouvé quatre

grains : en l'examinant à la loupe , j'ai reconnu que c'étoit un fable très fin , il avoit
le brillant , & la tranfparence du fable blanc
ordinaire , il croquoit comme lui fous les
dents.

J'ai répété ces expériences fur de l'argille
bleue des environs de Paris , qui eft celle
dont fe fervent les Potiers de terre. Je l'ai
employée à la même dofe de quatre onces fur
une once d'acide vitriolique , & douze onces
d'eau , il ne s'eft excité aucune effervefcence
dans le mélange ; après deux jours de digeftion, j'ai filtré la liqueur , elle a paffé très claire, fans couleur, mais elle avoit une très forte
faveur alumineufe , par une évaporation
fpontanée , elle a formé comme la précédente
beaucoup de petits criftaux d'alun , parmi lefquels il s'eft trouvé au fond du vafe un gros
criftal très régulierement formé , & qui étoit
de véritable alun , la totalité de ce fel pefoit
une once.

J'ai lavé la terre reftée fur le filtre dans une
grande quantité d'eau, pour emporter toute la
matiere faline dont elle étoit imprégnée ; j'ai
filtré la liqueur , & j'ai ajouté de l'alkali fixe
pour faire précipiter la terre , il s'eft formé
un précipité blanc comme dans l'expérience
précédente , mais qui a jauni par le contact
de l'air , & qui a jauni encote davantage
après le lavage , & pendant la defficcation , il
s'en eft trouvé trois gros. Cette couleur lui

vient du fer que cette argille contient, qui s'eft rouillé & réduit en fafran de mars.

L'argille qui ne s'eft point diffoute, pefoit deux onces trois gros & demi après avoir été bien féchée : c'eft par conféquent une once quatre gros & demi d'argille qui s'eft dif-foute dans l'acide vitriolique & dans l'eau : cette argille avoit perdu fenfiblement de fon liant.

J'ai pareillement traité les deux mêmes argilles blanches, & bleue avec de l'acide ni-treux. J'ai effayé d'en diffoudre toute une quantité donnée dans cet acide, mais ce n'a été qu'au bout de plufieurs années que fa dif-folution a été complette, encore eft-il refté une petite quantité de matiere fableufe indiffolu-ble, j'ai enfuite procédé aux expériences fui-vantes. J'ai mis dans des matras féparément, quatre onces de chacune de ces argilles bien féchées, réduites en poudre fine, avec une once de bon acide nitreux, & douze onces d'eau diftillée, j'ai fait digérer ces mélanges au bain de fable pendant deux jours, il ne s'eft excité aucun mouvement d'effervefcen-ce, ni pendant le mélange, ni pendant le tems de la digeftion. J'ai filtré les liqueurs chacune féparément, celle de l'argille blan-che a paffé très claire fans couleur : celle de l'argille bleue, avoit une forte couleur oran-gée très foncé : l'une & l'autre avoient une fa-veur alumineufe, celle de l'argille bleue ti-

roit un peu fur la faveur du vitriol de mars,
elle a auffi laiffé dépofer dans l'efpace de
vingt-quatre heures, une matiere terreufe
d'un blanc jaunâtre. Cette liqueur a fourni par
une évaporation fpontanée, d'abord une gelée jaune couverte d'une pellicule de la même
couleur, qui s'eft defféchée complettement,
& réduite en une matiere jaune de faveur
vitriolique & alumineufe, pefant deux gros,
dans laquelle il s'eft trouvé quelques petits
criftaux de véritable alun, & qui en avoient
toutes les propriétés. La liqueur de l'argille
blanche s'eft réduite à trois gros, elle eft devenue d'une couleur femblable à une diffolution de vitriol de mars, elle avoit une
confiftance firupeufe, & n'a point fourni de
criftaux : fa faveur étoit ftiptique & fort af-
tringente.

J'ai lavé la terre reftée fur les filtres de
l'une & de l'autre expérience dans une grande quantité d'eau diftillée, celle provenant
de l'argille blanche a filtré très claire, fans
couleur ; j'ai verfé deffus une fuffifante quantité d'alkali fixe, il a fait précipiter une terre
blanche, qui lavée & féchée, pefoit un gros
& demi, l'argille reftante après toutes ces
opérations, pefoit après avoir été bien féchée
trois onces quatre gros & demi.

J'ai pareillement lavé la terre de l'argille
bleue dans beaucoup d'eau diftillée & j'ai filtré
la liqueur : elle a paffé claire, fans couleur :

mais dans l'espace de deux heures, elle est devenue d'une couleur jaune orangé , elle s'est
troublée , & elle a déposé une terre de la même couleur qui étoit de l'ochre , je ne l'ai
point séparé ; j'ai précipité par de l'alkali
fixe la terre tenue en dissolution dans cette
liqueur , j'ai lavé la terre précipitée , dans une
suffisante quantité d'eau , je l'ai fait sécher ,
il s'en est trouvé un gros ; elle est d'une couleur de canelle à cause du fer qu'elle contient
qui s'est réduit en ochre. L'argille bleue de
toutes ces opérations , rassemblée & séchée ,
pesoit trois onces demi gros : elle avoit perdu
considérablement de sa couleur.

J'ai également cherché à connoître les propriétés de l'acide marin sur les argilles. J'ai
mis dans des matras quatre onces d'argille
blanche, & bleue, chacune séparément , avec
dix-huit gros d'acide marin ordinaire, & douze onces d'eau distillée , j'ai fait digérer comme dans les expériences précédentes , & j'ai
filtré les liqueurs au bout de deux jours. Les
liqueurs avoient une saveur alumineuse très
forte , elles étoient sans couleur , mais dans
l'espace de quatre mois , c'est-à-dire , après
qu'elles se sont réduites à un petit volume
par l'évaporation , elles ont acquis l'une &
l'autre une belle couleur de dissolution d'or ,
la liqueur de l'argille blanche n'a formé aucun cristal , elle s'est épaissie considérablement , & faisoit de l'encre avec de la noix

de galle, à caufe de la petite quantité de fer qu'elle contenoit.

La liqueur de l'argille bleue, a formé douze grains de félénite vitrifiable fans couleur & fans faveur, la liqueur s'eft épaiflie de plus en plus, & a laiflé dépofer beaucoup d'ochre de couleur jaune orangé.

J'ai lavé les terres reftées fur les filtres, & j'ai pareillement filtré les liqueurs, & précipité par de l'alkali fixe la terre qu'elles tenoient en diffolution : j'en ai tiré un gros & demi des lotions de l'argille blanche, & un gros dix-huit grains des lotions de l'argille bleue.

Il eft enfin refté d'indiffoluble, favoir trois onces cinq gros vingt-quatre grains d'argille blanche, & trois onces deux gros & demi de l'argille bleue.

Quoique les acides végétaux, n'aient pas beaucoup d'action fur les terres vitrifiables, j'ai cru néanmoins ne devoir point négliger d'effayer de combiner les argilles avec le vinaigre diftillé.

J'ai mêlé dans un matras, quatre onces d'argille blanche, & huit onces de vinaigre diftillé, il ne s'eft excité aucune effervefcence ; j'ai fait digérer ce mélange pendant huit jours, j'ai filtré la liqueur, elle a paflé claire, fans couleur, n'ayant point d'autre faveur que celle du vinaigre diftillé pur : j'ai laiflé la liqueur s'évaporer à l'air

dans

dans un vafe de verre couvert d'un papier pour la garantir de la pouffiere , elle a formé vingt-quatre grains de fel terreux femblable à celui qu'on forme avec la craie & le vinaigre diftillé ; il avoit feulement un peu moins de faveur amere , il étoit d'une légere couleur rouffe , à caufe du peu de fer qu'il contenoit.

J'ai lavé le marc refté fur le filtre , comme dans les expériences précédentes ; j'ai filtré la liqueur , & par le moyen de l'alkali fixe j'en ai précipité la terre : j'ai obtenu quarante-quatre grains de terre blanche ; cette terre eft toute calcaire , elle fe diffout dans les acides avec vive effervefcence , & fe convertit en chaux vive par la calcination ; il eft refté enfin trois onces cinq gros cinquante grains d'argille qui ne paroît point différer de ce qu'elle étoit auparavant.

De l'argille bleue des Potiers a été traitée de la même maniere avec du vinaigre diftillé, & aux mêmes dofes ; la liqueur filtrée m'a fourni par une évaporation fpontanée , vingt-quatre grains de fel calcaire aceteux , criftallifé en petites éguilles foyeufes , mais fali par beaucoup d'ochre jaune qui s'eft dépofé. Ce fel a une faveur chaude auffi âcre que celui de craie & de vinaigre , il a rongé les papiers dans lefquels je l'avois enveloppés.

J'ai pareillement lavé la terre , j'ai filtré la liqueur & l'ai précipitée par de l'alkali fixe :

j'ai obtenu cinquante grains de terre calcaire jaune à cause de l'ochre qui s'est déposé avec elle. Il en est resté enfin deux onces six gros & demi d'argille après toutes ces opérations.

Mon objet étoit de comparer les argilles avec la terre de l'alun, afin de m'assurer si les terres de l'une & de l'autre sont essentiellement de même espece.

J'ai répeté avec de la terre de l'alun toutes les expériences de dissolutions dans les acides dont je viens de parler, j'ai observé exactement les mêmes phénomenes; je suprime ici les détails, parceque cela ne feroit qu'une répétition de ce qui vient d'être dit. Je remarquerai seulement que la terre de l'alun qui a été séchée, est toute aussi difficile à se dissoudre dans les acides, que le sont les argilles, & qu'au contraire elle est dissoute sur-le-champ lorsqu'on la présente à ces mêmes acides, tandis qu'elle est encore en bouillie, parceque dans ce dernier état, les molécules de terre ne se sont pas encore agglutinées, & qu'elles présentent plus de surface.

J'ai pareillement comparé la terre de l'alun avec les précipités d'argilles obtenus des dissolutions dans les acides & précipités par l'alkali fixe; j'ai remarqué que ceux provenants des dissolutions faites par les acides vitrioliques & marins, étoient absolument semblables à la terre de l'alun, & qu'ils formoient de l'alun en combinant de nouveau ces précipités avec de l'acide vitriolique. M. Margraff, dans ses opuscules chymiques, édition françoise, deuxieme vol. page 94, dit avoir eu quelque chose qui avoit du rapport avec de véritable alun, & quelques pages plus loin il dit n'avoir jamais pu former de l'alun, en combinant ensemble de la terre de l'alun avec de l'acide vitriolique : il a toujours été obligé d'ajouter une certaine quantité d'alkali fixe. Mais à la page 101, il dit cependant : » Je ne voudrois pourtant pas nier que » la chose fût absolument impossible à la fa- » veur de quelques circonstances ultérieu- » res «. Je pense que si M. Margraff n'a point eu dans ces expériences des cristaux de véritable alun, cela vient des proportions de terre & d'acide qui se sont trouvés dans ses mélanges. J'ai observé que l'alun admet toutes sortes de doses de sa terre, sans que celle de l'acide vitriolique varie, & les espe- ces de sel qui résultent de ces mélanges, ont des propriétés d'autant moins salines, qu'el- les contiennent davantage de terre. A l'égard des précipités obtenus des dissolutions de ces terres par les acides nitreux & végétaux, ils étoient presque purement calcaires, parce- que ces acides dissolvent difficilement les terres vitrifiables.

J'ai fait encore une infinité d'autres ex- périences sur ces différentes terres tirées des argilles & de l'alun, je les ai combinées avec

C ij

les acides végétaux, tels que le vinaigre diftillé, & la crême de tartre ; mais comme de
ces expériences on ne peut rien conclure de
plus que ce que j'ai dit jufqu'à préfent, je
fupprime ces détails qui feroient trop longs
ici, me réfervant à en faire ufage dans une
autre occafion.

Il réfulte de toutes les expériences que je
viens de rapporter, que les principes confti-
tutifs des argiles, font l'acide vitriolique &
une terre femblable à celle de l'alun. Pour
completter la folution de la premiere queftion, il me refte à prouver que cette terre eft
de nature vitrifiable, & qu'elle eft de même
efpece, de même nature que les fables, les
quartz, & les autres pierres vitrifiables pures
ou à peu près pures.

J'ai tenté, mais inutilement, de diffoudre
des pierres, & des terres vitrifiables bien
broyées, dans les acides minéraux, néanmoins
j'étois bien perfuadé, que l'invincible réfiftance qu'elles oppofoient, ne pouvoit pro-
venir que de l'infuffifance des moyens méchaniques qui ne font pas affez puiffants pour
divifer ces terres convenablement. Il m'eft
arrivé plufieurs fois de faire digérer, & même bouillir fur du fable bien broyé, un mélange de parties égales d'huile de vitriol &
d'eau diftillée, & d'avoir obtenu beaucoup
de criftaux en lames femblables à du fel fédatif, ce qui m'avoit d'abord fait croire qu'il

s'étoit diffous une partie du fable ; mais je n'ai pas tardé à revenir de cette erreur en examinant le fable, j'ai trouvé qu'il n'étoit pas diminué de fon poids ; j'ai enfuite examiné l'efpece d'acide vitriolique que j'avois employé, j'ai reconnu que lui feul fans l'addition de fable, fourniffoit de femblable cryftaux. Prefque tout l'acide vitriolique qui eft dans le commerce, contient une certaine quantité de terre en diffolution : lorfque cet acide eft concentrée, il ne fe fait pas de criftallifation, mais lorfqu'on le mêle avec fon poids égal d'eau, on obtient les cryftaux dont nous venons de parler, qui font un fel alumineux & féléniteux.

Afin d'avoir du fable dans l'état de divifion convenable, & pour qu'il pût fe prêter aux diffolutions que je voulois en faire ; j'eus recours au *liquor filicum* : par fon moyen je fuis parvenu à divifer les pierres & les terres vitrifiables au point où il convient qu'elles foient pour fe diffoudre dans les acides : voici le procédé du *liquor filicum.* J'ai mêlé enfemble huit onces de fablon blanc bien broyé avec deux livres d'alkali fixe très pur, j'ai fait fondre ce mélange dans un creufet au grand feu en prenant garde que la matiere ne paffât par deffus les bords du creufet, comme cela arrive affez ordinairement à l'inftant de la fufion, lorfqu'on n'y prend pas garde ; la matiere étant bien fondue, je l'ai coulée dans

un mortier de fer, je l'ai fait diſſoudre dans
de l'eau, j'ai filtré la liqueur, elle a paſſé
claire preſque ſans couleur : cette liqueur eſt
alkaline, elle tient du ſable en diſſolution.
J'ai verſé dans cette liqueur une ſuffiſante
quantité d'acide vitriolique pour ſaturer l'alkali fixe, & faire précipiter la terre. J'ai raſ-
ſemblé cette terre ſur un filtre, je l'ai lavée
à pluſieurs repriſes dans de l'eau bouillante
pour la deſſaler entierement, par ce moyen,
je me ſuis procuré du ſable dans un état de
diviſion extrême, tel qu'on ne peut l'obtenir
par les moyens purement méchaniques.

J'ai mis dans un matras, une certaine quantité de ce ſable ainſi préparé, & tandis qu'il
étoit encore en bouillie, c'eſt-à-dire, avant
qu'il fût ſec (lorſqu'il eſt ſec, il eſt infiniment moins diſſoluble), j'ai verſé par deſſus
de l'acide vitriolique affoiblie, j'ai fait digérer ce mélange au bain de ſable, la terre s'eſt
diſſoute ſans efferveſcence ; au bout de vingt-
quatre heures, j'ai gouté la diſſolution, & je
lui ai trouvé une forte ſaveur d'alun ; j'ai
filtré la liqueur & l'ai laiſſé évaporer à l'air
libre, elle a formé dans l'eſpace de ſix ſemaines de très beaux cryſtaux d'alun, régulierement cryſtalliſés, & qui en avoient toutes les propriétés. Ces cryſtaux étoient envi-
ronnés de pellicules ſalines de même eſpece,
& qui étoient pareillement de l'alun mal
cryſtalliſé.

J'ai auſſi diſſous de ce ſable ainſi préparé , dans les acides nitreux & marins , il a préſenté les mêmes phénomenes qu'avec la terre de l'alun. La diſſolution par l'acide nitreux eſt devenue mucilagineuſe, elle n'a point formé de cryſtaux , celle qui étoit faite par l'acide marin a formé quelques petites aiguilles d'une ſtipticité conſidérable.

J'ai répété ces expériences ſur un beau quartz blanc aſſez tranſparent venant de Bretagne , & ſur du cryſtal de roche ; j'ai eu exactement les mêmes réſultats : l'un & l'autre m'ont fourni dans l'acide vitriolique , des cryſtaux de véritable alun.

Tous ces aluns artificiels ſont ſuſceptibles de ſe ſaturer de leurs terres , & de former, comme l'alun ordinaire ſaturé de ſa terre , des eſpeces de ſels cryſtalliſés en petites écailles comme du *mica* , & dans cet état ils ſont peu diſſolubles dans l'eau. Toutes ces expériences prouvent donc que la terre des argilles , la terre de l'alun , & les terres vitrifiables , ſont eſſentiellement de même eſpece & de même nature , & que leur grande différence ne vient que de la forme & de l'état ſous leſquels la nature nous les préſente. Nous finirons cet article par quelques remarques ſur la terre ſéparée du *liquor ſilicum* , & ſur la baſe de l'alun.

M. Pott , dans ſa lithogéognoſie , page 174 , édition françoiſe , premier volume , en parlant de la terre qu'on sépare du *liquor sili-cum*, & de la dissolubilité de cette terre dans les acides, dit qu'elle a changé de nature, & qu'elle est devenue calcaire; mais il paroît que M. Pott n'a examiné cette terre qu'en passant. On connoît assez ses lumieres en Chymie, & le grand nombre d'expériences qu'il a faites sur les différentes terres, pour être persuadé qu'il n'étoit point capable de se tromper sur une pareille matiere, pour le peu qu'il l'eût examinée. Je fais cette observation seulement, pour qu'on n'emploie pas contre mon sentiment l'autorité de M. Pott: d'ailleurs, je me suis bien convaincu que la terre vitrifiable dans toutes ces opérations ne perd rien de son caractere spécifique, elle ne fait que changer de forme, mais elle reste toujours vitrifiable, & ne fait point de chaux par la calcination.

D'après les expériences que je viens de rapporter sur la nature de la terre de l'alun, & sur celle de l'argille, on peut conclure que la terre qui entre dans la composition des métaux, est de nature vitrifiable. On peut appuyer ce sentiment sur l'espece de ressemblance qu'il y a entre la saveur de l'alun & celle des vitriols, &c. M. Barron pensoit au contraire que l'argille & la terre de l'alun sont des terres métalliques: il a fait d'inutiles efforts pour en tirer quelque métal; mais il ne désesperoit pas que par la suite quelqu'un seroit plus heureux que lui. *Voyez* les Mémoires de l'Académie pour l'année 1760, page 279. Je pense que tout ce que je viens d'avancer prouve le contraire, à moins de dire que le quartz, le crystal de roche, le sable, le grès, & toutes les pierres & terres vitrifiables sont des terres métalliques.

Passons présentement à la seconde question.

SECONDE QUESTION.

Des changemens naturels que les argilles éprouvent.

Nous n'entendons parler ici que des altérations que la nature opere d'une maniere insensible sur les argilles qui restent en place, & non de celles qu'elle occasionne aux argilles qu'elle transporte par le moyen des eaux, des vents, ou qui sont exposées au feu souterrein des volcans, &c. On ne présume pas que l'Académie ait eu en vue, qu'on traitât des altérations que les argilles éprouvent par ces grandes opérations de la nature; d'ailleurs, chacune de ces causes exigeroit des dissertations particulieres qui seroient d'une trop grande étendue pour l'objet qu'elle semble se proposer.

Nous considérerons seulement sous trois points de vue généraux les changemens naturels que les argilles éprouvent, savoir :

1°. Les changemens qu'elles éprouvent par le laps de tems, qui les dénature un peu, sans presque les changer de forme.

2°. Les changemens qu'elles reçoivent par le laps de tems, qui les dénature & leur donne de nouvelles formes, en produisant de nouveaux corps naturels dans lesquels on ne reconnoît plus les propriétés argilleuses.

3°. Enfin, les changemens qu'elles reçoivent en passant dans le végétal, & ensuite les nouvelles altérations qu'elles éprouvent encore en passant du végétal dans le corps animal.

Le laps de tems agit sur les argilles d'une maniere presqu'insensible, il combine certaines substances qui se trouvent dans les argilles, telles sont des matieres métalliques & du phlogistique ; par le tems il se forme des pyrites, du soufre, de l'alun, & des vitriols. Toutes ces matieres sont formées sans que le fond de l'argille en paroisse altéré. Nous avons suffisamment établi l'existence de ces matieres étrangeres dans les argilles, à l'exception du phlogistique sur lequel il est bon que nous disions un mot.

Lorsqu'on fait chauffer des argilles dans des cornues, elles fournissent par la distillation une liqueur aqueuse, qui a plus ou moins

d'odeur empireumatique , & quelquefois
fulphureufe. Quelques Naturaliftes préten-
dent même avoir tiré une matiere vraiment
huileufe ; cela indique alors une argille
bien impure. Dans les environs d'un terrein
argilleux de cette efpece , on trouve affez ordinairement quelques écoulemens d'huile de
Petrole.

Les argilles retiennent le principe phlogiftique avec affez d'opiniatreté , on ne peut
le leur enlever par la calcination , qu'en les
faifant rougir lentement ; car lorfqu'on les
expofe brufquement à un dégré de chaleur
capable de les ramollir , elles enferment dans
leur intérieur ce principe inflammable , au
point qu'il n'eft plus poffible de les en dé-
pouiller , qu'en les réduifant en poudre , &
les expofant de nouveau pendant longtems à
un feu bien fupérieur à celui qu'elles ont
éprouvé d'abord ; c'eft par cette raifon , qu'on
eft obligé de faire cuire à un feu lent qu'on
augmente peu à peu , la porcelaine & les autres poteries qu'on veut avoir avec leur plus
grand blanc.

C'eft à ce principe phlogiftique , & à fa
grande adhérence dans les argilles , qu'on
doit attribuer la plupart des altérations dont
nous parlons. Ce principe phlogiftique fe
combine à une portion de l'acide vitriolique
de l'argille & forme du foufre. Ce foufre fe
combine enfuite avec les matieres métalli-

ques répandues dans les argilles , & produit des pyrites. Dans d'autres circonstances les pyrites se décomposent , elles forment de l'alun , des vitriols & des sélénites. Peut-être , & je serois assez porté à le croire , que la nature combine directement le principe inflammable avec la terre argilleuse , & en forme des métaux. Toutes les expériences de la Chymie tendent à faire reconnoître au moins que ces deux principes (la terre vitrifiable & le phlogistique) enttent dans la composition des matieres métalliques , il paroit que la nature se réserve les moyens qu'elle emploie pour opérer ces merveilles , du moins jusqu'à présent on n'est pas encore parvenu à former un métal, en combinant une terre quelconque avec du phlogistique.

L'argille qui éprouve les altérations dont nous parlons , perd de sa couleur , parceque son phlogistique se combine avec d'autres corps , & se détruit même en partie , il ne lui faut que du tems pour devenir parfaitement blanche , elle ne conserve enfin que les couleurs qui lui sont fournies par les matieres métalliques qui sont infiniment plus longues à se détruire complettement.

Tous ces changemens peuvent être considérés comme les avant-coureurs des plus grandes altérations dont les argilles sont susceptibles. Lorsqu'elles commencent à blanchir par le laps du tems , elles perdent de leur finesse, & de leur liant, elles deviennent moins douces au toucher, leurs molécules s'agglutinent, elles forment des matieres terreuses, sableuses, des micas colorés ou sans couleurs, suivant les circonstances, & à proportion des matieres phlogistiques & métalliques qui se rencontrent dans le tems que ces altérations ont lieu. On trouve dans les Cabinets des échantillons de toutes ces matieres, qui constatent ces différens états par où passent les argilles.

Il y a peu d'argilles blanches sans mica, elles sont moins liantes que les autres, elles contiennent toutes moins d'acide vitriolique ; je pense même que les argilles blanches, qui ne contiennent point de mica, sont blanchies de nouvelle date : il ne leur faut que du tems pour arriver dans le même état, c'est à-dire, devenir plus blanches en perdant de leur finesse & de leur liant, & produire du mica. Enfin les talcs, les amianthes, les craies de Briançon, sont autant de corps naturels qui doivent leur origine aux argilles qui ont encore subi de plus grandes altérations. On ne découvre plus aucun vestige d'acide vitriolique dans la plupart de ces corps, je m'en suis assuré par une infinité d'expériences, qu'il seroit trop long de rapporter ici.

J'ai constaté par une longue suite d'expériences, quelques principes généraux sur les affinités des terres diſſoutes dans les acides. Il eſt réſulté de mon travail que la chaux vive & l'eau de chaux décompoſent l'alun & tous les ſels à baſe terreuſe vitrifiable. J'ai trouvé la même propriété dans les terres calcaires, c'eſt-à-dire, que la terre vitrifiable eſt précipitée par l'une ou par l'autre de ces ſubſtances. Il réſulte de ces obſervations, que, lorſqu'on répand de la chaux ou de la craie ſur un terrein argilleux, il ſe fait néceſſairement une décompoſition de l'argille ; la terre calcaire s'empare de l'acide vitriolique, forme du gypſe ou plâtre, & la terre vitrifiable reſte libre.

Enfin, nous avons dit qu'on devroit mettre au rang des changemens naturels que les argilles éprouvent, ceux qui leur arrivent en paſſant dans les végétaux, & enſuite les nouvelles altérations qu'elles reçoivent encore en paſſant du végétal dans le corps animal. La ſolution de cette derniere queſtion fera voir que l'argille ſeule eſt le fond de la végétation, & celui de la conſtitution animale.

La ſurface des terreins cultivés eſt un mélange d'argille, de terre calcaire, de ſable, de gravier, de la terre provenant de la deſtruction des végétaux & des animaux. Ce ſont-là les différentes matieres terreuſes que j'ai ſéparées par l'analyſe de pluſieurs terres labourables ; il doit paroître d'abord difficile

de savoir si toutes ces terres sont nécessaires
à la végétation , & si elles entrent toutes
dans la composition des végétaux , ou s'il n'y
en a qu'une seule espece. Dans ce cas quelle
est cette espece , & à quoi servent les autres ,
si elles n'entrent pour rien dans la substance
du végétal. Je pense qu'on ne peut répondre
à ces nouvelles questions , qu'en suivant la
marche de la nature , & en l'examinant dans
tous les dégrés de ses opérations ; ainsi c'est
dans le végétal même qu'il faut chercher l'espece de terre qui est propre à la végétation ,
& dans le corps animal les altérations qu'elle
subit. Je me suis procuré , chacune séparément , la cendre de plusieurs végétaux , telles
que du bois de hêtre , du bois de chêne , de
l'absinthe , de la centaurée , de la lavande.
En préparant ces cendres , j'ai pris toutes les
précautions convenables pour qu'elles ne fus-
sent point altérées par des matieres étrangeres ; je les ai lavées dans une grande quantité
d'eau , afin de les débarrasser de tous les sels
qu'elles pouvoient contenir ; j'en ai pareillement séparé par le moyen d'un tamis , la matiere charbonneuse. J'ai fait sur ces différentes terres les expériences suivantes.

J'ai fait dissoudre de toutes ces terres , chacune séparément , dans tous les acides minéraux & végétaux , toutes ces terres se sont
dissoutes avec chaleur & effervescence ; j'ai
filtré les dissolutions , elles avoient un peu

de couleur , je les ai laissées évaporer à l'air
libre , dans l'espace de quelques mois elles
ont fourni les produits suivans.

Celles qui ont été dissoutes dans l'acide
vitriolique , ont donné de l'alun mêlé de
plusieurs crystaux de sélénite ; mais cette sélénite , est un peu différente de celle qui est
formée avec une terre calcaire pure unie à l'a-
cide vitriolique. Celles qui ont été dissoutes
par l'acide nitreux ont formé quelques crystaux fort astringents mêlés dans une matiere
mucilagineuse : ce mélange étoit surnagé par
une liqueur qui étoit du nitre à base terreuse
calcaire.

Les dissolutions de ces mêmes terres faites
par l'acide marin , ont fourni des crystaux
fort astringents , semblables à ceux qu'on obtient de l'union de la terre de l'alun avec ce
même acide : il est pareillement resté une liqueur qui étoit du sel marin à base terreuse.

Ces expériences prouvent donc que la terre
argilleuse est celle qui fait partie des végétaux , & qu'en passant dans le végétal , elle
souffre des altérations considérables. Elle se
combine tellement avec les principes aqueux
& huileux , qu'elle se rapproche de plus en
plus de la nature des terres calcaires , néanmoins elle est encore fort éloignée de ce dernier caractere , puisque par la calcination il
est impossible de faire de la chaux avec la portion de cette terre qui a formé de la sélénite.

Je

Je m'en suis assuré par l'expérience suivante ;
j'ai fait digérer une certaine quantité de ces
cendres dans du vinaigre distillé ; par ce
moyen j'en ai séparé la partie la plus dissoluble , j'ai filtré la liqueur , je l'ai laissé évaporer à l'air libre , elle a formé des cristaux
à peu près semblables à ceux qu'on obtient
de la combinaison des terres calcaires avec
ce même acide végétal.

J'ai mis ensuite ce sel en distillation dans
une cornue : j'ai obtenu une liqueur spiri-
tueuse chargée de beaucoup d'æther acé-
teux , & que j'ai séparé par une rectification.
J'ai fait calciner cette terre dans un creuset
& à grand feu , elle ne s'est jamais convertie en chaux vive. On auroit tort de croire
que les opérations que cette terre a subies ,
auroient changé quelque chose de son caractere spécifique. J'ai répété plusieurs fois
ces expériences sur de la terre calcaire , &
j'ai pareillement calciné dans un creuset la
terre restée dans la cornue après en avoir tiré
la liqueur éthérée : cette terre s'est toujours
constamment convertie en chaux vive.

La terre argilleuse en passant du végétal
dans le corps animal , éprouve encore de
bien plus grandes altérations , sans cependant
changer complettement de nature ; je pren-
drai pour exemple les parties solides des animaux , telles que la corne de cerf & les os
d'autres animaux granivores , ayant trouvé

D

quelques différences dans ces mêmes parties solides provenantes des animaux carnaciers.

Les parties solides des animaux, sont, comme on sait, composées d'huile, d'eau, de sel, de terre : cette derniere substance fait la moitié du poids des autres matieres, une partie de la terre est tellement divisée & combinée avec les autres substances, qu'elle est dans un état de dissolution : c'est elle qui forme le mucilage que l'on tire des matieres osseuses par la décoction.

Il y a quatre moyens que l'on peut employer pour se procurer la terre des matieres animales, dont nous parlons. Ils consistent tous à débarrasser cette substance terreuse d'avec la matiere mucilagineuse.

Ces moyens, sont :

1°. La putréfaction qui dénature toutes les matieres, à l'exception de la terre.

2°. Le grand lavage dans l'eau bouillante, qui dissout la matiere mucilagineuse, laquelle donne aux os toute la solidité qu'on leur connoit, en tenant collées les unes aux autres les molécules de terre.

3°. La calcination qui détruit & volatilise tout ce qui peut être volatilisé.

4°. Enfin la dissolution de la matiere terreuse, par le moyen des acides qui touchent peu ou point du tout à la matiere gélatineuse. Ces différens moyens ne fournissent pas la terre dans le même état, ni avec le même

dégré de pureté. La matiere mucilagineuse est tellement combinée, que la putréfaction ne peut la détruire complettement,
peut être même dans l'espace de plusieurs
siecles.

J'ai distillé à Paris des os du Cimetiere
des Innocents, ainsi que de la terre du même
Cimetiere, j'avois fait choix des morceaux
d'os qui me paroissoient les plus anciens, ils
étoient criblés de trous, & sans consistance;
j'ai lavé la terre avant de la distiller. Ces matieres m'ont fourni, par la distillation, de
l'eau, du sel volatil, & de l'huile; à la vérité dans des proportions infiniment moin-
dres, que lorsqu'on distille ces matieres dans
leur état de fraicheur.

Le lavage dans l'eau, ne dissout pas complettement la matiere gélatineuse des os; j'ai
fait bouillir pendant quinze jours une certaine quantité de corne de cerf rapée, dans
une très grande quantité d'eau, je changeois
d'eau quatre fois par jour; après ce grand
lavage, je m'avisai de soumettre à la distillation une partie de cette terre, j'obtins encore un peu de produits huileux & salins,
tels qu'on les tire de la corne de cerf récente:
ce qui est resté dans la cornue, étoit noir &
charbonneux.

La calcination longtems continuée, détruit complettement tout ce qui est étran-
ger à la terre animale, elle rend en même-

rems cette espece de terre moins dissoluble dans les acides, il paroît même que l'action du feu, la ramene de plus en plus à son caractere argilleux, qui est celui de son origine.

La terre qu'on a séparée des os par le moyen des acides, parroit être celle qui est la plus pure, & qui a souffert le moins d'altération, elle paroît participer davantage des caracteres de la terre calcaire. Cette terre séparée des acides, se dissout de nouveau avec vive effervescence, mais elle ne fait point de chaux vive par la calcination, non plus que celles qui sont séparées par les différents moyens dont nous venons de parler.

Quoi qu'il en soit, toutes ces terres animales calcinées, ou non calcinées, dissoutes par l'acide vitriolique, ont toutes formé de l'alun, mêlé à la vérité parmi beaucoup de cristaux aiguillés qui étoient de la sélénite, laquelle differe de la sélénite ordinaire qui a pour base une terre calcaire pure, en ce qu'elle est plus dissoluble dans l'eau, & que la terre que j'en ai séparée par l'alkali fixe, ne s'est jamais convertie en chaux vive.

Il résulte de ces expériences, que la terre des os, n'est plus une terre argilleuse, aussi bien caractérisée, que l'est celle des végétaux, qu'elle a quelque caractere analogue aux terres calcaires, mais qu'elle est très éloignée de la nature de ce genre de terre. Elle

tient en quelque maniere le milieu entre les
terres argilleuses & les terres calcaires, pro-
prement dites. Les différentes élaborations
que la terre végétale a subies en s'assimilant
au corps animal, l'ont tellement combinée
avec le principe aqueux & avec le principe
huileux ou phlogistique, qu'elle tend à devenir calcaire. Je me propose même de démontrer dans une autre occasion, que ce qui
distingue particulierement les terres calcaires d'avec les autres terres, ne vient que de
l'eau & du phlogistique, qui deviennent
principes constituants de ce genre de pierre;
je suis même parvenu à donner aux terres
calcaires quelques uns des caracteres des terres argilleuses en leur enlevant l'eau & le
phlogistique; mais la nature plus industrieuse
dans ses opérations, fait tous les jours ces
changemens bien complets d'une terre en une
autre : quand il n'y auroit que ceux qui sont
produits par les végétaux qui se pourrissent
dans l'intérieur de la terre, ils y laissent une
terre argilleuse, déja sensiblement déna-
turée.

J'ai dit en plusieurs endroits de ce Mémoire, que les argilles & les terres calcaires mêlées ensemble & exposées à la violence du feu, entroient en fusion, & se con-
vertissoient en verre, c'est un des beaux phénomenes chymiques qui a été découvert par
M. Pott, mais cet habile Chymiste n'en

donne aucune explication. Je vais tâcher de
l'expliquer ; la théorie que je me suis formé
sur cette matiere, fera voir au moins la né-
cessité de distinguer l'argille, d'avec la substance terreuse qui lui sert de base ; & privée
d'acide vitriolique, nous verrons que cette
même terre prise dans ses deux états a des
propriétés différentes.

M. Pott a établi quatre espece de terre :
savoir, la terre argilleuse, la terre gypseuse,
la terre vitrifiable, & la terre calcaire, sans
vouloir entrer ici en discussion sur la nature
des quatre especes de terre de M. Pott, nous
ferons remarquer seulement qu'on peut les
réduire à deux, puisque comme je l'ai démontré, l'argille n'est pas une matiere terreuse pure, c'est un sel vitriolique à base de
terre vitrifiable. Il en est de même de sa terre
gypseuse : c'est l'union de la terre calcaire
avec l'acide vitriolique : c'est par conséquent
un sel vitriolique à base de terre calcaire.
Quoi qu'il en soit, ces quatre substances exposées à l'action du feu, n'entrent point en
fusion, tant qu'elles sont seules. Il en est de
même des mélanges d'argille & de sable, &
de ceux de gypse & de craie, qui n'entrent
point non plus en fusion. Ceux de craie &
de sable, & ceux de gypse & de sable, commencent à s'agglutiner & à prendre un peu
de corps ; mais ceux d'argille & de craie,
ou ceux d'argille & de gypse, entrent en vé-

ritable fusion, & se convertissent en un verre net & transparent qui se trouve avoir assez de solidité & de dureté, pour faire feu lorsqu'on le frappe contre de l'acier. J'attribue cette fusibilité à trois causes ; 1°. à l'acide vitriolique contenu dans les matieres qui font mises en jeu ; 2°. à la matiere saline alkaline qui se forme pendant la calcination de la pierre calcaire ; 3°. à un principe de fusibilité contenu dans toutes les pierres & terres vitrifiables, mais qu'elles peuvent perdre par une trop grande violence du feu : c'est ce que je vais tâcher de démontrer.

J'ai exposé plusieurs fois à un même dégré de chaleur des mélanges de craie & de terre séparée des dissolutions d'argille par l'alkali fixe, & pareillement des mélanges semblables de terre de l'alun & de terre calcaire : aucun de ces mélanges n'est entré en fusion, & n'a pas même pris un peu de corps, ils sont tous restés poreux & friables. Tous ces mélanges étoient faits à parties égales de ces deux terres, & au poid de deux gros de chaque.

J'ai répété ces expériences, & j'ai ajouté à chacun des mélanges faits au même poids, deux gros d'alun calciné, je les ai ensuite exposés à la même violence du feu, ils ont tous entré en fusion, & ont formé des masses vitreuses, transparentes, blanches & laiteuses, mais aucun n'a formé de vetre parfait ;

D iv

néanmoins il réfulte évidémment que c'eft à
l'acide vitriolique qu'on doit attribuer le
commencement de fufion qui eft arrivé à tous
ces mélanges. J'ai remarqué que le mélange
de gypfe & d'argille entre en fufion beaucoup plus facilément que celui de craie ou
d'argille, il produit auffi une effervefcence
qui eft fi confidérable, que la matiere paffe
toujours par deffus les bords du creufet; ainfi
l'acide vitriolique entre donc pour quelques
chofes dans la fufion des terres l'une par l'autre. La terre argilleufe privée d'acide vitriolique, a donc des propriétés différentes de
l'argille, puifqu'elle eft infiniment moins
fufible avec de la terre calcaire.

La feconde caufe à laquelle j'attribue cette
fufibilité des terres, l'une par l'autre, vient
de la formation d'une certaine quantité de
matiere faline alkaline, laquelle fe forme
pendant la calcination de la terre calcaire,
en fe réduifant en chaux vive, elle devient
le fondant de la terre vitrifiable, l'oblige
d'entrer en fufion, & entraine la vitrifica-
tion de la portion de terre calcaire qui n'eft
point devenue faline. J'ai obfervé qu'il faut
en général une bien petite quantité de matiere faline pour faire entrer la terre vitrifiable en fufion: comme on va le voir par
l'expérience fuivante.

J'ai expofé au grand feu un mélange de
partie égale de fable broyé & de craie, ce mé-

lange n'a point fondu , mais la terre calcaire s'est réduite en chaux vive , j'ai exposé ce mélange à l'air pendant quelque tems , la chaux s'est chargée de l'humidité de l'air , comme elle a coutume de faire , & elle s'est réduite en poudre. Alors j'ai exposé de nouveau ce mélange à la même action du feu , il est entré en fusion , & il a formé une matiere tuméfiée , poreuse , demi-transparente , & qui n'a plus attiré l'humidité de l'air. On ne peut attribuer cet effet à autre chose , sinon qu'à une addition de matiere saline , laquelle s'est formée pendant la seconde calcination , elle s'est alors trouvée en dose suffisante pour entrainer la fusion du sable. Je me crois d'autant mieux fondé à penser ainsi , que je suis parvenu à mettre en semblable fusion , & d'un seul feu , de pareille sable que j'avois mêlé avec son poids égal de pellicules de chaux : ce verre à la vérité , étoit semblable au précédent, il n'avoit ni la beauté , ni la transparence d'un verre parfait , mais il étoit suffisamment bien fondu , pour me faire penser que la matiere saline qui se forme pendant la calcination de la terre calcaire , entre pour beaucoup dans cette fusibilité des terres ; ainsi la matiere saline qui se forme pendant la calcination de la terre calcaire , & l'acide vitriolique contenu dans les argilles , sont donc les deux causes auxquelles j'attribue la fusibilité des terres , l'u-

ne par l'autre , & il faut le concours de ces
deux substances , en même tems pour obtenir des verres parfaits , puisque l'une sans
l'autre , ne forme que des demi vitrifica-
tions.

Pour revenir à la troisieme cause de fusibilité dont j'ai parlé , je vais rapporter une
expérience que j'ai faite plusieurs fois , & que
quelques personnes pourroient faire aussi , &
l'opposer à mon sentiment. J'ai tenté , mais
inutilement , de fondre un mélange de partie égale de terre d'alun & de gypse , ce
mélange est toujours resté sec & friable :
on pourroit m'objecter qu'il y a dans ce mélange de l'acide vitriolique , & qu'il auroit
dû au moins former une matiere vitriforme.
Or, cela n'est point arrivé : donc , pourroit-
on conclure , il y a une différence entre la
terre de l'alun & les autres terres vitrifiables ,
comme le pense M. Margraff , page 111 , de
ces opuscules deuxieme vol. où il dit , *la
terre de l'alun est une terre particuliere séparée
de la terre argilleuse.* Cette objection paroît
très forte , sur tout jointe au sentiment de
M. Margraff , qui vient à l'appui ; mais je
crois qu'il m'est facile d'y répondre , & de
donner une solution satisfaisante.

Le sable séparé du *liquor silicum* par le
moyen des acides , comme nous l'avons dit
précédemment , traité de même à partie égale
avec le gypse , ne forme plus une matiere vi-

triforme , comme le fait le fable qui n'a point fubit toutes ces opérations. Doit-on en conclure pour cela que le fable tiré du *liquor filicum* , eft une terre particuliere féparée du fable ; d'où viennent donc ces différences , elles viennent de deux caufes : 1°. de l'extrême divifion des parties : 2°. d'un principe de fufibilité contenu dans les terres vitrifiables , qui eft fufceptible de fe détruire & de fe diffiper par la violence du feu , & dont j'ai parlé plus haut ; j'ai remarqué un grand nombre de fois, que du fable calciné exigeoit un peu plus de fondant pour fe réduire en verre , que celui qui ne l'a point été ; ainfi la terre tirée du *liquor filicum* , & la terre tirée de l'alun , font deux terres qui font dans le plus grand état de divifion poffible, elles préfentent beaucoup de furface à l'action du feu , leur principe fufible s'évapore avant que le feu les ait pénétrées fuffifamment pour les faire entrer en fufion.

TROISIEME QUESTION.

Quels font les moyens de fertilifer l'argille.

LES connoiffances de l'agriculture , font tellement liées les unes aux autres , qu'il eft difficile d'établir quelques principes généraux sur les moyens de fertiliser une espece de terre , sans parler en même tems de quelqu'autre terrein qu'on puisse lui comparer.

Les Cultivateurs établissent plusieurs especes de terreins, qui sont plus ou moins propres à la végétation : nous ne parlerons ici que de ceux dont nous avons besoin , pour faire entendre ce que nous avons à dire. Les terres dont nous allons nous entretenir , sont connues parmi les Agriculteurs sous les noms de *terres froides* , *terres brulantes* , *terres franches*.

Les terres froides , suivant les Cultivateurs , sont les argilles que l'on nomme aussi terres glaises. Quelques uns d'entr'eux font une distinction entre argille & terre glaise ; mais ces deux dénominations sont synonimes en Chymie, & ne désignent qu'une seule terre.

Cette espece de terre n'est pas plus froide que les autres terreins , mais il paroît qu'on lui a donné ce nom à cause de la propriété qu'elle a de retenir l'eau des pluies , & de tenir les végétaux dans un trop grand état d'humidité & de fraicheur.

Les terres brulantes , sont les sables , les graviers , qui contiennent peu ou point de terre propre à la végétation ; il paroît qu'on les a ainsi nommées à cause qu'elles laissent imbiber l'eau très facilement , une partie passe au dessous des racines des végétaux, tandis que l'autre s'évapore promptement par l'ardeur du soleil.

Nous mettrons encore au rang des terres brulantes certains tufs calcaires, & les craies, quoique liantes en apparence, mais elles ont tous les inconvéniens des terreins sableux, dont nous venons de parler : elles laissent imbiber & évaporer les eaux des pluies avec à-peu près la même facilité.

La terre franche, connue aussi parmi les Laboureurs sous le nom de terreau, est la meilleure de toutes les terres labourables, elle est un composé des deux terres dont nous venons de parler. Ce mélange fait par la nature dans de bonnes proportions, forme la meilleure terre ; c'est elle qui est la plus propre à la végétation, elle doit être légerement liante, étant pêtrie avec de l'eau, sa couleur est accidentelle, mais ordinairement elle est d'un jaune noirâtre. Il faut bien distinguer cette terre d'avec le terreau des Jardiniers, qui n'est pour la plus grande partie, qu'un amas de végétaux pourris, & qui approchent de leur parfaite destruction & réduction en terre, cette matiere est excellente pour la végétation, mais elle n'est pas assez commune pour qu'on puisse s'en servir à fertiliser les terres.

Les terres fortes, sont les terres franches dont nous venons de parler, mais qui contiennent une plus grande quantité de terre argilleufe , quelques-unes font mêlées d'un peu de terres calcaires , elles font de plus groffes mottes fous les pieds lorfqu'on marche dans ces terres en tems de pluies : on s'en fert pour la bâtiffe des fours , on lui a donné à caufe de cela le nom de *terre à four*. Ce font les meilleures pour la végétation , mais elles exigent quelques foins pour l'écoulement des eaux. Les terres qui font plus fortes que celle-ci, commencent à rentrer dans la claffe des argilles.

Ce font-là les principaux terreins que je me propofe d'examiner conjointement avec les argilles, parcequ'ils font les plus univerfellement répandus dans la nature. Toute la fcience du Cultivateur fe réduit à procurer au terrein qu'il veut cultiver , ce que la nature a refufé de lui donner ; il y parvient au moyen des additions convenables , qui font les engrais , le fumier , & le labourage. Nous parlerons de ces chofes à mefure que les occafions nous en fourniront les moyens.

J'ai démontré que l'argille étoit la feule matiere terreufe qui fût propre à la végétation , puifqu'elle eft la feule qui faffe partie des végétaux & des animaux ; cependant cette efpece de terre , dans fon état de pureté , ne produit que peu ou point de végétaux. Il en eft de même des fables purs & des terreins de pure craie : les terreins de ces deux dernieres efpeces ne produifent rien ,

& ne font pas propres à la végétation, parcequ'effectivement ils font privés de l'efpece
de terre qui fait le fond de la végétation ;
la terre argilleufe au contraire en contient
trop.

Lorfqu'on feme quelques graines dans de
l'argille, elles y germent & ne font rien de
plus pour l'ordinaire; parceque la confiftance
ferme & compacte de cette terre, s'oppofe à
tout le jeu de la végétation; l'action de la
végétation n'eft pas affez forte pour vaincre
la réfiftance qu'elle trouve dans la compacité
de l'argille; les racines ne peuvent pas s'é-
tendre, la tige ne peut pas percer la furface
de la terre, & lorfque par hazard elle le fait,
c'eft toujours avec un effort qui fatigue &
altere fenfiblement le végétal : d'ailleurs il
eft toujours dans un état de preffion dans
l'alvéole qu'il s'eft formé, il n'eft pas libre,
ni de s'étendre par les racines, ni de groffir
par la tige, il eft continuellement dans la
gêne. Ce font toutes ces raifons qui em-
pêchent que la terre glaife puiffe produire une
bonne végétation.

Une autre circonftance qui s'oppofe à la
végétation, eft celle où ces terres font hu-
mectées au point de former une pâte un peu
ferme à leur furface; dans cet état elles ne
permettent plus à l'eau des pluies de les pénétrer. C'eft par rapport à cette propriété,
qu'on s'en fert avantageufement pour rete-

nir l'eau des baſſins , & l'empêcher de pénétrer au travers des terres. Ainſi l'eau des
pluies ne mouille que la ſuperficie du terrein,
les racines des plantes ne ſont jamais imbibées
d'une plus grande quantité d'eau , que celle
qui tient l'argille en conſiſtance de pâte ferme , ce qui n'eſt pas à beaucoup près ſuffiſant
pour produire une bonne végétation , parceque ces eſpeces de terres retiennent trop fortement l'eau , pour que le végétal puiſſe la
pomper. Les tiges ſont continuellement bai-
gnées , & finiſſent par pourrire ; le fumier
qu'on répand ſeul ſur un terrein argilleux ,
ne remplit que très légeremeur , & pour ainſi
dire , pendant un moment , les indications
qu'on doit ſe propoſer. Dans certains pays où
les terres ſont trop fortes , c'eſt-à-dire , trop
argilleuſes , on répand de la paille neuve &
entiere en guiſe de fumier , & on a remarqué qu'elle y produit un meilleur effet : on
peut préſumer que cela vient de ce que lorſ-
que cette paille ſe trouve ſous la terre , elle
fait fonction d'autant de petits matelas qui
tiennent la ſurface du terrein comme ſuſ-
pendue , & la mettent dans le cas d'être pé-
nétrée plus facilement par les eaux des pluies
& par l'air.

Le fumier eſt pour la plupart du tems bri-
ſé , il n'a pas la même élaſticité , il ne peut
ſoutenir le poid de la terre , il faudroit pour
qu'il produiſit le même effet , en employer

une

une bien plus grande quantité, mais qui auroit d'autres inconvéniens.

Les pluies longues & abondantes caufent
beaucoup de dommages à la végétation : nous
venons de dire qu'elles reftent à la furface
des terres fortes & des terres argilleufes, &
qu'elles y font pourrir les tiges des végétaux.
Elles ne font pas moins de mal dans les terreins maigres que nous avons nommés brulans, elles leffivent les engrais & le fumier,
elles emportent au deffous des racines cette
matiere favonneufe & extractive que le fumier fournit, qui eft le principal aliment
de la végétation ; les plantes périffent, parcequ'elles manquent de fubfiftances, & qu'elles font deffechées par l'ardeur du foleil.

Les terres argilleufes bien amandées, font
cependant celles qui font les plus propres à
la végétation ; mais pour favoir ce qu'il convient de faire ou d'ajouter à un terrein de
cette efpece, pour le rendre le plus fertile
poffible, il faut auparavant examiner la nature & la compofition d'un terrein actuelle-
ment labourable, & qui paffe parmi les Agriculteurs pour être un bon terrein, c'eft le
parti que j'ai cru devoir prendre.

J'ai pris une certaine quantité de terre
labourable dans les environs de Paris, &
dans un terrein qui paffe pour être des meilleurs pour la végétation : je l'ai fait fécher à
l'air, afin de me débarraffer de l'humidité.

E

J'en ai pesé une livre , je l'ai lavée dans une certaine quantité d'eau , de la même manière qu'on lave les argilles : j'ai fait couler avec l'eau la portion de terre la plus fine : il est resté six onces de matieres grossieres , c'étoit du gravier semblable à celui de riviere , mêlé de fragments de briques & de pierres calcaires. J'ai ramassé la terre fine qui a été séparée par le lavage , je l'ai fait sécher , & je l'ai fait digérer dans du vinaigre distillé. J'ai séparé ce vinaigre lorsqu'il a été saturé de terre , j'ai repassé sur le marc de nouveau vinaigre ; par ce moyen j'ai séparé toute la terre calcaire : j'ai précipité cette terre par de l'alkali fixe , j'en ai obtenu quatre onces : il est resté enfin six onces d'argille semblable aux argilles communes.

J'ai pareillement examiné la terre d'un autre terrein qui passe parmi les Agriculteurs pour être moins bon que le précédent , & qu'ils nomment terrein *maigre* : j'ai trouvé que chaque livre de cette terre séchée , contient quatre onces d'argille , six onces de gravier , & six onces de terre calcaire. Les proportions des matieres terreuses qui composent les terres labourables , peuvent varier à l'infini , & c'est à ces variétés qu'on peut attribuer les différences qu'on remarque dans leur qualité végétative , cependant indépendamment du climat & de l'exposition du terrein , qui influent pour beaucoup.

Il réfulte de ces expériences, que pour rendre fertile un terrein argilleux, il convient de répandre à fa furface, & de mêler enfuite, une certaine quantité de fable, de gravier, de terre calcaire, de tuf calcaire, de platras réduits en poudre groffiere, afin de diminuer la compacité des argilles, & de changer la nature du fol : on nomme, mais improprement, *engrais* les fubftances qui font propres à changer la nature du terrein. Ces engrais ont la propriété de fuppléer au fumier lorfqu'il manque. Le fumier produit des effets plus prompts, mais ceux qui font produits par des engrais, font plus durables. Les engrais que nous venons de nommer conviennent pour les fols argilleux ; ils feroient abfolument mauvais dans les fols que nous avons nommés brulans : ceux qui conviennent dans ces fortes de terreins, font la marne, le gazon, les vuidanges des mares & des foffés qu'on a pratiqués au tour des terres argilleufes, l'argile elle-même.

Lors donc qu'on veut répandre & mêler dans un terrein argilleux l'un ou l'autre des engrais que nous avons nommés, il convient de s'affurer de l'épaiffeur du lit de l'argille, c'eft ce qui doit déterminer pour la quantité qu'on doit en mettre. Pour cela on fait quelques trous dans différens endroits du terrein. Si ce fol argilleux eft fort épais, il faudra y mêler une beaucoup plus grande quantité de matiere maigre ; ſi au contraire il n'avoit qu'un pied d'épaiſſeur , il en faudroit moins. On commence par labourer le terrein en tems ſec , & le plus profondément qu'il eſt poſſible : on répand l'une ou l'autre des ſubſtances maigres , dont nous avons parlé , juſqu'à ce qu'il ait une épaiſſeur d'environ un pouce. alors il convient de labourer de nouveau & de faire paſſer pluſieurs herſes à dents de fer , afin de diviſer les mottes. Environ quinze jours ou trois ſemaines après , il convient de labourer de nouveau , de répandre du fumier & de labourer encore , afin de mêler le fumier. S'il venoit quelques gelées entre ces deux derniers labours , il faudroit profiter du dégel & du premier tems ſec qui ſuit le dégel , pour faire ce dernier labour , parceque pendant la gelée , l'humidité qui étoit dans l'argille , a fait fondre & écarter les unes des autres les parties de la terre. Si le dégel vient ſans pluie , les mottes d'argille reſtent dans cet état de diviſion , le moindre ébranlement les fait tomber en pouſſiere , & le mélange eſt facile à faire. Mais ſi le dégel a été accompagné de pluies , les parties de l'argille ſe réuniſſent, ſe mettent en maſſe, & deviennent alors très difficiles à diviſer. La ténacité de l'argille rend ce mélange très difficile : on ne peut en venir à bout que par des labours multipliés , & ſur-tout dans les premieres années.

Il ne suffit pas de mettre une fois des substances maigres dans un terrein argilleux, il
faut au contraire en mettre réguliérement
toutes les années, jusqu'à ce que la quantité
ajoutée fasse une élévation de six ou huit pou-
ces d'épaisseur dans toute la superficie du
terrein, en supposant que le lit d'argille n'ait
lui-même qu'un pied d'épaisseur. Si le sol
argilleux est beaucoup plus épais, il en faudra beaucoup davantage. Enfin si ce sol avoit
dix, douze ou quinze pieds d'épaisseur, comme cela est assez fréquent dans la nature,
dans ce cas il faudroit mettre assez de matiere maigre pour pouvoir former à la surface de l'argille un nouveau sol d'un pied
d'épaisseur au moins : on auroit soin alors de
ne jamais labourer plus profondément, que
le sol qu'on a formé artificiellement.

Entre les différentes substances terreuses
que nous avons dit qu'on pouvoit employer
à cet usage, il faut, autant qu'on le peut, employer des matieres calcaires, telles que le tuf
calcaire, la craie, les recoupes de pierres de
taille, les décombres des bâtiments, réduits
en poudre très grossiere, la chaux, &c. Cette
derniere substance seroit excellente, mais
elle deviendroit dispendieuse. Les substances
calcaires méritent la préférence, parcequ'elles ont la propriété de se bien mêler avec les argilles, de les décomposer, & de s'en séparer
plus difficilement que les terres vitrifiables ou

les fables. J'ai remarqué qu'un mélange d'argille & de fable exposé à la pluie ou délayé dans de l'eau , se décompose facilement ; le fable se sépare promptement. Il n'en est pas de même d'une terre calcaire , elle se combine mieux & ne se sépare pas , même par le lavage , lorsqu'elle a été bien divisée : mais cette grande division n'est pas nécessaire pour l'objet dont nous parlons , il suffit que ces matieres soient réduites en poudre très grossiere. On pourroit encore faire du feu à la surface d'un terrein argilleux , afin de durcir & de cuire la superficie. L'argille qui a été brulée, n'a plus la compacité qu'elle avoit : dans les pays où la matiere combustible est commune , ce moyen seroit fort bon , & la cendre qui proviendroit de la combustion des végétaux , très propre à alleger & à fertilifer ce même terrein. En faifant quelques trous dans un terrein argilleux pour connoître l'épaisseur du banc d'argille , on découvre quelquefois que le lit de terre qui se trouve dessous , est de qualité convenable pour ameublir l'argille ; alors c'est au Cultivateur de voir s'il est plus avantageux de s'en servir , que de s'en procurer d'ailleurs : ces choses dépendent du local.

Le moyen que je propose pour rendre fertile un terrein argilleux , paroîtra peut-être effrayant , sur-tout si le terrein a beaucoup d'étendue. Je conviens qu'il est dispendieux,

mais ce n'eſt qu'en voitures, car la matiere
premiere n'eſt point couteuſe. Si un ſembla-
ble terrein ſe trouve à la portée d'une grande
ville, il n'en coutera rien de voiture : il ſuf-
fit d'ordonner aux Maçons, aux Entrepreneurs
de bâtiments, d'y porter les décombres des
maiſons, on verra que chaque année on fer-
tiliſera une certaine étendue de ce même
terrein. On peut pendant l'hiver occuper le
pauvre peuple à pulvériſer ces matériaux, à
les paſſer au travers d'une claie, & à les répandre ſur le terrein.

Outre l'addition de toutes ces matieres,
il eſt néceſſaire de faire des foſſés dans l'intérieur des terres & de diſtance en diſtance,
afin d'évacuer les eaux des pluies, parceque
ſi elles ſéjournoient ſur le terrein, elles re-
tarderoient conſidérablement les travaux.

Les Agriculteurs nomment les opérations
par leſquelles on répand une terre ſur un terrein, *marner les terres*, nous croyons que ce
terme a beſoin d'une explication. Les Laboureurs entendent communément par *marner*,
répandre ſur un terrein une autre terre, ſans
trop faire attention à la nature de l'une, ni
à celle qui ſert à marner.

Dans certains pays, on marne avec de la
craie ; dans d'autres, on marne avec de la
terre à four, dans d'autres pays avec du tuf :
en un mot la matiere qui ſert à marner, n'eſt
pas la même par-tout. Il paroît qu'on marne

les terres avec l'espece de matiere terreuse qu'on trouve à la main & que l'on croit la plus convenable : dans ces importantes opérarions, on n'a jamais eu des principes établis qui fuſſent bien fondés. Le hazard a pu faire bien rencontrer ; mais il a dû quelquefois produire des effets contraires, & détériorer des terres au lieu de les améliorer. Ce défaut vient de ce que les Agriculteurs manquent abſolument de connoiſſances en Chymie & en Hiſtoire Naturelle.

Marner une terre, à parler ſtrictement, c'eſt répandre à ſa ſurface une certaine quantité de marne.

La marne, ſuivant les Chymiſtes, eſt une terre compoſée d'à-peu-près parties égales d'argille & de terre calcaire : or, on ſent bien que cette matiere ne peut pas ſervir indiſtinctement à marner toutes les terres. La marne varie un peu : il y en a de plus liante l'une que l'autre, mais cela eſt aſſez indifférent pour l'objet qu'on ſe propoſe ; il y en a de mêlée d'un peu de ſable : elle varie encore beaucoup par la couleur, il y en a de blanche, de jaune, de marbrée, mais toutes ont la même propriété pour la culture des terres.

D'après les principes que nous avons poſés, il eſt facile de ſentir qu'on peut établir des principes généraux ſur le marnage des terres, puiſque cela conſiſte à s'approcher

autant qu'il est possible , par des mélanges de
différentes matieres terreuses , de la compofition des terreins que l'expérience a ap-
pris être les meilleurs : par exemple , dans
un terrein fableux , on fent bien que ce feroit ne rien faire , que d'ajouter de la craie ,
fous prétexte de le marner ; il en eft de même d'un terrein crétacé , on y répandroit
inutilement du fable pour le rendre fertile ,
&c. Ainfi , pour fertilifer les argilles , il faut
leur mêler les fubftances dont nous avons
parlé : il convient de les labourer & de les
enfemencer en tems fec ; la terre fe divife
mieux , & il fe fait moins de perte de grains
qui s'enfoncent fous les pieds des animaux
qui herfent. Cette portion de grain eft per-
due , & pourrit dans l'intérieur de la terre ,
parceque la tige ne peut pas fe faire jour &
parvenir jufqu'à la fuperficie du terrein.

Pour rendre les craies & les fables fertiles,
il faut leur ajouter de la marne liante , de
l'argille , ou de la terre à four ; ces terres demandent qu'on les laboure & qu'on
les feme en tems de pluies : car lorfqu'elles
font féches , les vents découvrent les grains
nouvellement femés , & les expofent à la vo-
racité des animaux.

Nonobftant tout ce que nous venons de
dire , les terres , de quelque nature qu'elles
foient , ont encore befoin d'être fumées.

Fumer une terre , c'eft répandre à fa fur-

face une certaine quantité de fumier, pour
le mêler enfuite à cette même terre en la la-
bourant.

On attribue au fumier des différens animaux des propriétés qu'on croit leur être particulieres. Les Laboureurs penfent, par
exemple, que le fumier de bœufs & de
vaches, eft froid, & qu'il rafraichit la terre;
que par rapport à cela, il ne faut pas le mettre fur les terres fortes & argilleufes, que
nous avons nommés froides avec les Laboureurs : on recommande ce fumier dans les
terres brulantes pour les rafraichir.

On prétend, au contraire, que le fumier
de cheval eft chaud, & que celui de mouton
eft encore plus chaud; ces fumiers conviennent, par rapport à cela, dans les terres fortes & argilleufes : tel eft le fentiment des
Cultivateurs.

Ces expreffions font obfcures, & elles ont
befoin d'être éclaircies. Strictement parlant,
il n'y a pas de fumier chaud, ni de fumier
froid, ces qualités font abfolument imagi-
naires. Peut-être que ce qui a fait naître ces
idées, vient de ce que l'on a obfervé que le
fumier de bœuf & de vache mis en tas, s'é-
chauffe peu ou point; tandis qu'au contraire,
celui de cheval s'échauffe confidérablement.
Ces différences viennent feulement de l'état
où fe trouvent les fumiers au fortir des éta-
bles & des écuries. Les fubftances qui font

susceptibles de la fermentation , n'éprouvent
bien ce mouvement, qu'autant que la partie aqueuse se trouve dans des proportions
convenables : lorsque ces substances sont mêlées avec beaucoup d'humidité , elles passent
à la putréfaction presque aussitôt qu'elles
éprouvent le premier dégré de fermentation.
Le fumier de bœuf & de vache , est on ne
peut pas plus humide , les excrémens de ces
animaux sont très liquides , ils urinent souvent , & fournissent beaucoup d'eau dans leur
fumier ; cette eau s'oppose à la fermentation,
& fait que cette espece de fumier passe plus
promptement à la putréfaction.

La fiente du cheval est séche , cet animal
lâche moins souvent ses urines , son fumier
est moins humide , aussi il est susceptible
d'éprouver les deux premiers dégrés de la fermentation , qui sont les seules qui produisent de la chaleur ; ces fermentations ne sont
ni retardées , ni dérangées par une surabon-
dance d'humidité , comme dans le fumier de
bœuf & de vache : à cause de cela , on aura
pensé que le fumier de cheval réchauffe les
terres.

Mais si l'on y fait attention , le fumier
qui est ainsi en fermentation , n'est pas suffisamment façonné , il n'est pas mûr , pour me
servir de l'expression du Laboureur ; & lorsqu'il est parvenu dans l'état où il convient

qu'il soit , pour être répandu sur les terres ,
il n'a presque plus de chaleur , parcequ'il ap-
proche de la putréfaction , & que la putréfaction des corps se fait sans chaleur. Lorsqu'on répand ce fumier sur la terre , les parties sont isolées les unes des autres : le fumier
n'a pas la moindre chaleur. Je me suis assuré
par un grand nombre d'expériences , le ther-
mometre à la main , que tous les corps végétaux & animaux qui subissent une vraie putréfaction , ne produisent pas la moindre
chaleur. D'où je conclus que ces fumiers ne
sont pas plus chauds les uns que les autres.
Il faut dire cependant , que si l'on répand du
fumier de bœuf & de vache sur un terrein argilleux , l'humidité de ce fumier ne peut
s'imbiber dans la terre , elle reste longtems
à la même place : dans ce sens , cette espece
de fumier sera plus froid que celui de cheval , parceque, toutes choses égales d'ailleurs,
il y a moins de chaleur dans les endroits où
il y a beaucoup d'humidité. Mais si l'on laisse
dessécher le fumier de bœuf & de vache à
l'air au même point où se trouve celui de
cheval , alors on lui trouve les propriétés de
ce dernier fumier , & il produit exactement
les mêmes effets dans les terres argilleuses;
mais comme il est ordinairement abreuvé
d'une grande quantité d'humidité , il dimi-
nue considérablement de volume pendant sa

deſſication. Les Laboureurs voient avec peine cette diminution , & ils la ſupportent toujours avec regret.

Le fumier de mouton qui paſſe pour être
le plus chaud de tous , confirme bien ce que
nous venons de dire : ce fumier eſt le plus
ſec , parceque les moutons urinent moins
fréquemment , & que leur urine eſt beaucoup moins abondante.

Tout ce que je viens de dire prouve donc
qu'on avoit de fauſſes idées ſur les propriétés
froides ou chaudes des fumiers , puiſque
cela ne dépend que des proportions d'humidité qu'ils contiennent. Je ne prétend pas
dire pour cela , que parmi ces fumiers , il
n'y en ait pas de meilleur l'un que l'autre ;
au contraire je penſe que celui de mouton
eſt le meilleur de tous , enſuite celui de cheval : celui de bœuf & de vache bien préparé , c'eſt-à dire , deſſéché à l'air , eſt tout auſſi
bon dans les terreins argilleux , & au contraire il convient de l'employer fort humide
dans les terreins maigres. Les fumiers ſont
meilleurs les uns que les autres , parcequ'ils
contiennent ſous le même volume une plus
ou moins grande quantité de matiere propre
à la végétation : cette ſubſtance peut être
mieux préparée dans un fumier que dans un
autre ; d'ailleurs tel fumier peut contenir
une ſubſtance ſaline , extractive , ſavon-

neuſe , en plus grande quantité , & dans un état plus analogue aux plantes : je penſe que le fumier de mouton eſt dans le cas dont nous parlons , & qu'il eſt par rapport à cela le meilleur de tous.

Le fumier répandu dans les terres , produit une végétation plus abondante & plus vigoureuſe que lorſqu'on n'y en met pas : c'eſt une vérité qui eſt univerſellement reconnue. On dit communément qu'il introduit dans la terre une *graiſſe* : mais cette expreſſion eſt très impropre , car s'il en étoit ainſi , il s'enſuivroit qu'en arroſant un terrein avec de l'huile ou avec toute autre matiere graiſſeuſe pure , on le rendroit encore plus fertile , ce qui n'eſt pas vrai à beaucoup près.

La graiſſe , l'huile , & toutes les matieres graiſſeuſes pures , ne ſont pas des ſubſtances nutritives pour les animaux , elles ſont encore moins convenables pour la végétation. Il y a des pays où l'on répand ſur les terres des lies d'huile , & qui produiſent un très bon effet , mais ce n'eſt pas , tant que l'huile eſt ſous la forme d'huile : c'eſt après qu'elle s'eſt mêlée & combinée avec la terre , en un mot après qu'elle s'eſt décompoſée , & que ſes parties ſont devenues diſſolubles dans l'eau : l'huile qu'on emploieroit en place d'eau pour arroſer une plante , la feroit périr

en peu de tems. Mais lorsque ces substances
sont combinées avec des matieres salines, &
qu'elles sont réduites dans un état savon-
neux, elles passent facilement dans le végétal, & font partie de la séve. C'est sous cette
forme que se trouvent les matieres huileuses
qui sont dans le fumier ; l'urine des animaux
contient des sels qui ont la faculté de les
combiner ainsi, de les rendre dissolubles
dans l'eau, & en état de faire partie de la
végétation.

Les effets du fumier sont donc, 1°. de
rendre les terres plus légeres & plus faciles
à être pénétrées par l'air & par les eaux des
pluies. 2°. Le fumier, en achevant de se pourrir, laisse dans le terrein une matiere extractive, savonneuse, & une terre végétale très
divisée, qui sont toutes disposées à faire partie d'une végétation prochaine. L'huile & les
matieres salines pures qui ne sont pas sous
cette forme, & qui ne sont pas combinées par
le mouvement de la putréfaction, nuisent plus
à la végétation, qu'ils ne sont profitables.

Toutes les matieres capables de produire
en se pourrissant une substance savonneuse
& extractive, dissoluble dans l'eau, & une
terre très déliée, peuvent remplacer le fumier ; les matieres animales molles produisent un aussi bon effet. Dans certains cantons
sur les bords de la mer, on fumoit quelque-

fois les terres avec du poisson, mais on a défendu de les fumer ainsi, à cause de la trop grande dévastation que cela occasionne dans la mer.

La cendre lessivée & la cendre non lessivée, qui est une terre végétale, argilleuse, dans l'état de division convenable, fertilise parfaitement bien les terres. Plusieurs personnes avoient attribué les bons effets de cette matiere, aux sels qu'elle contient : cela avoit même conduit à recommander de répandre du sel sur les terres. Mais l'expérience n'a pas confirmé les bons effets qu'on en attendoit. Les sels qu'on répand en grande quantité sur la terre, nuisent plutôt à la végétation, qu'ils ne lui sont utiles. Dans les salines où l'on prépare le sel par évaporation sur le feu, on jette sur les terreins voisins les matieres salines de rebut, qui sont en très grande quantité : mais ces terreins ne produisent rien, ou presque rien, tant que leur surface est salée, & ils ne commencent à se garnir de végétaux, que quand les eaux des pluies ont dissous le sel, & l'ont imbibé dans les terres au dessous des racines. Les urines des animaux contiennent beaucoup de sels, elles détruisent de même les végétaux, lorsqu'elles sont répandues trop abondamment : on en a des exemples frappants dans les promenades publiques de Paris ; les arbres, les arbustes, &

les

les plantes qui sont continuellement arrosées
d'urine, périssent au bout d'un certain tems.
Tout ceci nous prouve, que si les sels sont
de quelque utilité à la végétation, c'est lorsqu'ils sont combinés avec des substances huileuses, capables d'adoucir leur acrimonie:
en un mot lorsqu'ils sont dans l'état savon-
neux. C'est le propre de la putréfaction du
fumier, de combiner ainsi les sels des urines
des animaux, & de les rendre propres à fertiliser les terres.

On me dira peut-être, que dans plusieurs
endroits de la Flandre, on fertilise les terres
avec de l'urine putréfiée, & qu'elle produit
un aussi bon effet que le fumier; cependant
elle contient une très grande quantité de sels.
Pourquoi produisent-ils en Flandre des effets différens qu'à Paris; cela vient de plusieurs causes: 1°. En Flandre on répand l'u-
rine putréfiée avant les semailles, la plus
grande partie du sel contenu dans l'urine qui
est putréfiée, est volatil, il se dissipe promptement par l'évaporation, & ne nuit point à
la végétation: 2°. La portion du sel fixe qui
est dans l'urine, s'imbibe dans les terres
avant les semailles, & ne porte point son
action sur les semences: il ne reste enfin de
mêlé à la terre végétative, que l a matiere
terreuse, savonneuse, extractive, que l'u-
rine fournit abondamment.

F

L'urine répandue sur les végétaux dans les promenades publiques , se trouve dans des circonstances bien différentes : elle est récente & appliquée immédiatement sur les racines des végétaux ; le sel agit en totalité , parceque la putréfaction n'a pas encore dégagé la portion de sel qui doit se volatiliser. D'où je conclus que les sels purs nuisent plutôt à la végétation , qu'ils n'y sont utiles , j'entends de la végétation qui se fait à la surface du continent sec , & non de celle qui se fait dans le fond de la mer , & entouré d'eau salée : mais les plantes marines sont d'une autre nature. Nous sortirions de notre objet , si nous voulions nous entretenir de ces plantes.

La matiere fécale humaine est encore un fort bon engrais : mais lorsqu'elle est nouvelle , il faut la répandre dans les terres longtems avant les semailles , parcequ'elle contient une si grande quantité de matiere saline , qu'elle brule & corrode les semences. En les répandant quelque tems d'avance , les eaux des pluies la lessivent , imbibent dans les terres les sels qu'elle contient , & ne laissent à la surface du terrein , qu'une substance terreuse analogue à celle qui est produite par du fumier. A Paris , on ne se sert de cette matiere qu'après qu'elle a resté trois années à l'air & exposée à la pluie ; lorsqu'on s'en sert plutôt, on a remarqué qu'elle brule & dérruit les végétaux, parcequ'alors elle contient trop de sel.

Indépendamment de tout ce que nous avons dit sur les différens terreins, & sur les moyens de les rendre fertiles; nous devons regarder l'eau, l'air, & la chaleur, comme les grands & les principaux agens de la végétation. L'eau tient en dissolution les sucs végétatifs, elle passe avec eux dans le végétal & en fait partie; elle fait plus, elle tient en dissolution des substances terreuses, qu'elle distribue dans le végétal pour lui donner ensuite la solidité qui lui convient. Les végétaux tirent par leurs vaisseaux absorbans, une grande quantité d'eau des pluies, qui n'est pas moins utile à leur accroissement: mais il ne faut pas croire non plus que toute la quantité qu'ils tirent par leurs racines & par leurs feuilles, reste dans leur substance: au contraire ils en perdent considérablement par une sorte de transpiration insensible.

L'air fait aussi partie de la végétation: les plantes respirent par leurs pores, & assimilent avec elles une grande quantité d'air: elles en rendent aussi une partie: c'est ce que M. Halles a démontré de la maniere la plus concluante par une infinité de belles expériences, qu'il a rapportées dans sa Statique des végétaux: cet ouvrage a été traduit de l'anglois en françois par M. de Buffon.

Tout dans la nature reſte dans l'inaction
ſans la chaleur : c'eſt elle qui eſt le mobile
du mouvement dans la végétation, & dans
la vie animale ; c'eſt elle qui eſt le principe
de la liquidité & de la fluidité, & qui per-
met aux différens ſucs végétatifs de ſe combiner d'une infinité de manieres, & de produire toutes les ſubſtances qu'on retire de
ces deux regnes. Mais je m'apperçois que je
me laiſſe aller inſenſiblement aux merveilles de la végétation, au lieu de répondre à
la queſtion, & de fertiliſer les argilles.

Si j'avois à ma diſpoſition toutes les com-
modités convenables, j'aurois ſoumis à l'expérience, tout ce que la théorie m'a ſuggé-
ré : mais ne pouvant le faire, je vais expo-
ſer le plan d'expériences que j'aurois faites :
c'eſt tout ce que je puis faire. Je ne préſume
pas que l'Académie exige qu'on faſſe plus de
dépenſes & d'expériences que la nature du
prix & le tems accordé par l'Académie ne
le comportent *.

* Suivant le programme que l'Académie vient de
publier dans le Mercure de France que j'ai déja cité, il
eſt viſible que je me ſuis trompé ſur ces deux objets,
puiſque malgré la dépenſe conſidérable, & pluſieurs
années de travaux que j'ai faits pour éclaircir par des
expériences chymiques la meilleure théorie pour
rendre l'argille fertile ; elle exige encore que j'euſſe
fait dans l'eſpace d'une année, autant de dépenſes &
d'expériences d'agriculture, qu'on en peut faire dans
l'eſpace de quatre années, qui eſt le tems qu'elle ac-
corde à préſent.

1°. J'aurois mis dans six caisses de l'argille bleue des Potiers.

2°. Dans six caisses semblables, j'aurois mis de l'argille blanche.

3°. Dans six autres caisses, j'aurois mis dans chaque un mélange de parties égales d'argille bleue des Potiers & de craie.

4°. Dans six autres caisses, j'aurois mis dans chaque un pareil mélange de parties égales d'argille bleue & de sablon fin.

5°. Dans six autres caisses, j'aurois mis dans chaque un mélange de parties égales d'argille bleue & de gravier de riviere, connu sous le nom de sable de riviere.

6°. J'aurois répété sur de l'argille blanche les 3e, 4e & 5e expériences.

7°. J'aurois répété toutes ces expériences en diminuant la dose de l'argille, jusqu'à ce que je fusse parvenu à une partie d'argille, sur quatre de matiere terreuse étrangere à la végétation.

8°. Après avoir fait les mélanges dont nous venons de parler avec des terres pures deux à deux, j'aurois répété ces expériences en mêlant de l'argille, du sable, & de la craie dans différentes proportions.

9°. Comme il y a des pays où il n'est quelquefois pas trop possible de se procurer du sable ou de la craie, j'aurois recommencé toutes les expériences dont nous venons de parler , avec les décombres des maisons réduits en poudre grossiere , les recoupes de pierres de taille ; en un mot , avec toutes sortes de matieres terreuses , qui ne font point propres à la végétation ; mais qui ont la propriété d'alléger l'argille , de diminuer sa compacité & de faciliter le jeu de la végétation.

10°. J'aurois répété toutes ces expériences en ajoutant à ces mélanges différentes doses de fumier , afin de pouvoir obferver & me convaincre de l'efpece de terrein qui a le plus befoin d'être fumé.

Dans toutes ces caiffes , j'aurois femé des graines farineufes & légumineufes , mais toujours de la même efpece , afin de n'avoir pas à attribuer un effet à des caufes étrangeres , mais feulement aux terres. Je propofe de faire ces expériences fur fix mélanges femblables , afin d'avoir des réfultats fûrs ; car fans cela , on ne fauroit à quoi attribuer une infinité de petits accidens qui arrivent à la végétation.

Pour avoir quelque chofe d'abfolument certain fur cette matiere , par la voie de l'expérience , il eft encore néceffaire de continuer ces obfervations pendant plufieurs années de fuite , & de remarquer fi les végétaux & les grains qui en feroient provenus , font d'auffi bonne qualité que ceux des terreins des pays où l'on auroit fait ces expériences. Cette matiere est importante , elle ne peut jamais être bien traitée , que par une personne aisée , qui fait son séjour à la campagne , & qui en feroit son amusement. Si dans cette matiere , il n'étoit question que d'expériences de chymie , il y a longtems que par goût , j'aurois éclairci toutes ces questions.

FIN.

TABLE

DES MATIERES.

TABLE DES MATIERES.

Fin de la Table des Matieres.

De l'Imprimerie de DIDOT, rue Pavée, 1770.